山西草原系列丛书

春风识晋草

—— 魅力草原看山西

毕建平 主编

图书在版编目（CIP）数据

春风识晋草：魅力草原看山西 / 毕建平主编 . — 北京：中国林业出版社，2022.1

ISBN 978-7-5219-1494-8

Ⅰ . ①春… Ⅱ . ①毕… Ⅲ . ①散文集—中国—当代 Ⅳ . ① I267

中国版本图书馆 CIP 数据核字 (2022) 第 007716 号

责任编辑：何　鹏　　　　　　　　　电话：（010）83143543

出版发行：中国林业出版社（100009　北京西城区德内大街刘海胡同 7 号）
网　　站：http://www.forestry.gov.cn/lycb.html
印　　刷：三河市双升印务有限公司
版　　次：2022 年 5 月第 1 版
印　　次：2022 年 5 月第 1 次
开　　本：787mm×1092mm　1/16
印　　张：15
字　　数：255 千字
定　　价：120.00 元

"山西草原系列丛书"编委会

主　　任：袁同锁

副 主 任：李振龙

编　　委：毕建平　　鲁　强　　许丽俊　　赵水清　　杨国义
　　　　　郭学斌　　温　根　　李晓强　　王玉龙　　张冠南
　　　　　孙继宏　　景慎好　　白景萍　　霍覆远　　上官铁梁
　　　　　董宽虎　　李　宝　　高新中

本书编写组

主　　编：毕建平

副 主 编：张冠南　　孙继宏　　吴兆喆

参编人员：张　翔　　王成伟　　樊　攀　　王玉林　　赵雅琪
　　　　　景慎好　　霍彦博　　邢亚亮　　秦敬伟　　陈晓虹
　　　　　闫科技　　郝　磊　　刘　旗　　景　斌　　姜树珍
　　　　　樊子涵　　李　成　　关望源　　荣建华　　刘银婷

文稿校对：赵雅琪　　任倩敏　　温雪丽　　武艳永

设计制作：行墨文化

序 PREFACE

我拿到这本"山西草原系列丛书"中的《春风识晋草——魅力草原看山西》书稿，眼前为之一亮。我对山西并不陌生，读历史，可以从唐尧拉开说不完的故事；读地理，它拥山抱河，雄巍与柔美融合得如此浑然天成。山西对中华文明的贡献，更是无可取代。它曾是捍卫礼乐文明的中流砥柱，也因三晋分割而拉开春秋战国的序幕。

我曾去山西做过专业调查。我这个草业老头自以为对山西和山西草原略知一二，但打开这本书稿，不禁为之一惊。我国草原生态系统中，竟有如此丰厚的历史宝藏和绝佳风情板块！而且经过精心谋划连缀，这些板块增加了整体魅力。这本书使我受益匪浅。

晋人晋土，厚德载物。晋人的一项历史功勋不得不说，且必须高声大说。他们走西口下关东，凭借过人的精明和勤恳，实现农耕文明与草原文明的系统耦合，自发创建了中国大陆的"自由贸易区"，不仅由此创造了巨量财富，富可敌国，更将华夏文化送进草原牧区，使得二者水乳交融，以致蒙古袍泽都说得一口地道的山西方言。这真是壮大中华文明的千古绝唱！其历史蕴涵，较之血洒疆场、义薄云天的杨家将故事更上层楼。尤其值得我们草原人自豪，这是中国对草原生态系统耦合的重大贡献。

感谢山西省林业和草原局的同道们，率先开展了草业科学的第一生产层，即前植物生产层的资源研发。组织了"山西最美草原"微视频评选暨"山西十大最美草原"推选活动。其中历山舜王坪亚高山草甸、五台山高山草甸、灵丘空中草原、沁源花坡国家草原自然公园等被评为"山西省十大最美草原"。此可谓"慧眼出明珠"！

该书为我们展开的画卷是立体而多维的。既是一部具有视觉冲击力的草原风光绮丽大片，更是一部汇集了山西草原民俗和风情文化的上乘之作。每一处草原都以精美的散文、隽永的诗歌加以咏叹赞赏。这是难得一见的草原生态系统的全景大展。

聪慧、勤劳，具有厚重文化传统的晋人，既开创了草地生态系统的古老界面，构建了陆地"贸易开发区"，又跻身第一生产层的生态资源研发的前列。草原生态系统在这里生机勃勃，长盛不衰。

展读该书，恍如神游于山西草原情景之中，既观赏了山西草原的多彩美景，也领略了它史诗般的厚重。这幅草原生态系统的长卷，浓墨重彩，跨越古今，令人深思。

衷心祝贺"山西草原系列丛书"中的《春风识晋草——魅力草原看山西》一书出版。

中 国 工 程 院 资 深 院 士
兰州大学草地农业科技学院名誉院长、教授：任继周

二〇二一年九月仲秋

序 二

PREFACE

"人说山西好风光",这首耳熟能详的歌曲,无数人吟唱过,也有无数人向往过。可我们深知,曾几何时,摆在我们面前的一个残酷现实是山西地处黄土高原,千沟万壑,十年九旱。是的,天然的气候和地理劣势,使得三晋大地,并不是一处诗情画意、花红柳绿的所在。但作为山西林草人,我们从没有气馁、妥协过。越是面对这样残酷的考验,我们越是能够团结起来,凭着一代代不吝气力的挥洒,一年年无怨无悔的付出,有知而无畏,迎难而无惧,久久为功,涌现出太多可泣血、可歌颂,更可以名留青史的英模典范。每一个山西林草人,都只有一个理想,但愿这一方资源大省矿山重地的水土,处处生机盎然,四季云淡风轻。既然深知使命,必将勇担重托。

习近平总书记提出"绿水青山就是金山银山"的理念,对于山西林草人而言,就是一场义无反顾的漫漫长征,更是一种催人奋进的冲锋号角。近几年来,山西林草以前所未有的宣教力度和法治力度,警示制约与劝导感化同时进行,彼此推波助澜,逐步形成了地方政府、人民群众、相关部门的多维、立体、互动式的林草管理方法。而单就山西的草原,我们也做了很多力所能及的工作,这里就不一一赘述了。草原保护和治理,从来不可能一蹴而就,更不可能立竿见影。尤其山西的草原,是一个个地域分散和生态各异的草原,需要我们用恒常的动力,更需要将每一个细节精心落实。当然,仅仅从硬件上的差异化管治,也是远远不够的。

每一片草原,都有每一片草原的历史,各自有无数的故事与传奇，而生活在这一片片土地上的人民，也是草原的见证者、守护者、歌颂者。我们山西林草人，有责任有义务，引导和促进这些草原上的儿女，加倍热爱和珍惜自己的家园，让他们为拥有这一片片碧绿的家园而自豪。作为草原的子民，他们生活在赏心悦目的风光里，美轮美奂的家园里，是一件幸福的事。而作为林草人，我们编写这样一本讴歌和赞美山西草原的书，也是一件深感幸福，更值得用心去做的事。

初心不变，方得始终。荷尔德林说过一句话，"人诗意地栖居在大地上"，每一个林草人，初心与使命都莫过于此。而我们的老百姓，也有一句话，"靠山吃山靠水吃水"，当时代发展到今天，无论是山水还是草原，只有更青秀、更碧绿、更秀丽，才能给予百姓更长久、更健康、更幸福的生活。

美景，伴良辰。没有一个人希望在风沙漫漫中，在山穷水尽中，在荒凉贫瘠中生活。没有一个人，愿意自己的家园，是让人逃避甚至让人绝望、窒息的家园。山清水秀处，自有歌声在。

这本书，通过美文、美图、美视觉的方式，比较全面地把山西草原最美的一面呈现给了大家，这就是山西林草人献给三晋父老的一份精神食粮和生态红利。

山西省林业和草原局党组书记、局长：袁同锁

二〇二一年九月仲秋

编者的话

总有人流连于空山新雨后，总有人沉醉在芳草连天中，总有潋滟湖光与青翠山色值得我们一次次细致的描摹，总有粼粼江湖和郁郁森林召唤出我们内心中的诗情画意。祖国这片辽阔的大地，用一处处迥异而美好的风光，孕育了坚韧的炎黄子孙，滋养了璀璨的华夏文明。唯有河山大好，我们才能在其间安居乐业，生生不息。也唯有生于斯长于斯的人民，才懂得山川草木对于每一个个体的意义所在。

所谓家园，有家有园，一座座可供休憩的楼阁亭台，是家；一处处赏心悦目的湖光山色，为园。在大自然永恒的庇护之下，我们耕耘、放牧、打渔，在尘世上缔造着平淡而幸福的生活。无数个日日夜夜，在一处处"山水林田湖草"中，如此温暖地度过并被认真铭记着，于是诞生了数不胜数的诗歌、游记、民谣……

草原，作为"山水林田湖草"中不可或缺也不可替代的部分，是这颗蔚蓝色星球上重要的生态安全屏障，而我国40%的国土面积，就是一片片苍茫无垠的草原。当"绿水青山就是金山银山"这样的理念，早已成为不可动摇的共识，我们需要每一个林草人拿出更多的心血，像呵护我们的肌肤一样去呵护草原，像珍爱我们的青春一样去珍爱草原。只有如此，那些点缀在祖国版图上的草原才会更绿、更美，更接近传说和童话里的模样。在山西这片群山耸峙的古老土地上，也有一片片草原，星罗棋布在三千里表里山河之间，如梦似幻。有趣的是，与我国其他省份的草原不同，山西的草原既有天苍苍野茫茫的北方粗犷，也兼备碧云天黄花地的南国柔情。所以，散落在山西的一片片草原，仿佛草原家族中一个个古灵精怪的孩子。

这几年，山西省林业和草原局对草原的保护及宣传力度不断加大。2020年12月15日，山西省林草局组织开展的"山西最美草原"微视频评选暨"山西十大最美草原"推选活动，历山舜王坪亚高山草甸、五台山高山草甸、灵丘空中草原、沁源花坡国家草原自然公园等被评选为"山西省十大最美草原"。这一次选美，是山西草原惊艳的集体亮相。为每一片草原点睛与插翼，梳妆和加冕……然后，让它们明眸皓齿，出现在世人面前。以无与伦比的造化之大美，得到了多方关注。山西林草人带着不辱山川之美，无愧草木之绿的使命，以一颗颗近乎虔诚的心，呵护它们，让这一片片草原生机勃勃、欣欣向荣。更是由表及里，扬长避短，以更为开阔的视野，深挖每一片草原背后的往事与传说，风情和典故，让它们具备了前世今生与人文内涵。

山西林草人这样立体而多维的工作，使得自然与人文，眼前之美和心头之恋融汇交织在一片片草原之上。而山西草原，也不再只是美景，更有了诗经般的厚重，民谣般的轻盈，传说里的神奇，童话中的梦幻……可以肯定地说，这样的工作，是行之有效的，也终将是事半功倍的。在山西这样历史悠久、人文荟萃的省份，我们林草人也不再是简单的护林员、园艺师，更应该是一个个懂得如何将人间美景向万千大众娓娓道来的解说员，让大家和林草人站在一起做关怀自然的爱心使者……

我们相信感化的力量，也相信一首诗歌，一篇美文，一张美图，一段视频，真的可以为一山一河，一草一木，增添奇异而持久的色彩。就像一代代古贤们用自己的诗文，书写了无数名山大川，今天呈献给大家的这本书，也可以看作一次以字为径的旅途，读一读，就仿佛置身于那一片片绿茵之上，山花之间……在文字里，爱上草原的人，也一定会被草原深爱着。

这本书，就是一次爱与被爱的彼此体认，是一次人对自然的细心打量和至情讴歌。世间风物，无论灼灼其华，还是累累果实，无论枯藤老树，还是草长莺飞，于人类而言，入眼是一次陶冶，入心则是一次荡涤。希望这本书的面世，能入眼也能入心，能召唤出我们对自然的热爱，也能映射出这个时代，最真诚的宏愿——青山长在，绿水不改！同时也更让你对山西草原有了一种全新的认识和感知，有了一种自觉保护山西草原的使命和担当。

最后，我们盛情地邀请您：请到山西看草原！

美色无边西华镇草原 （吴继才 摄）

目录
CONTENTS

芳草茵茵靓三晋
魅力草原看山西

002

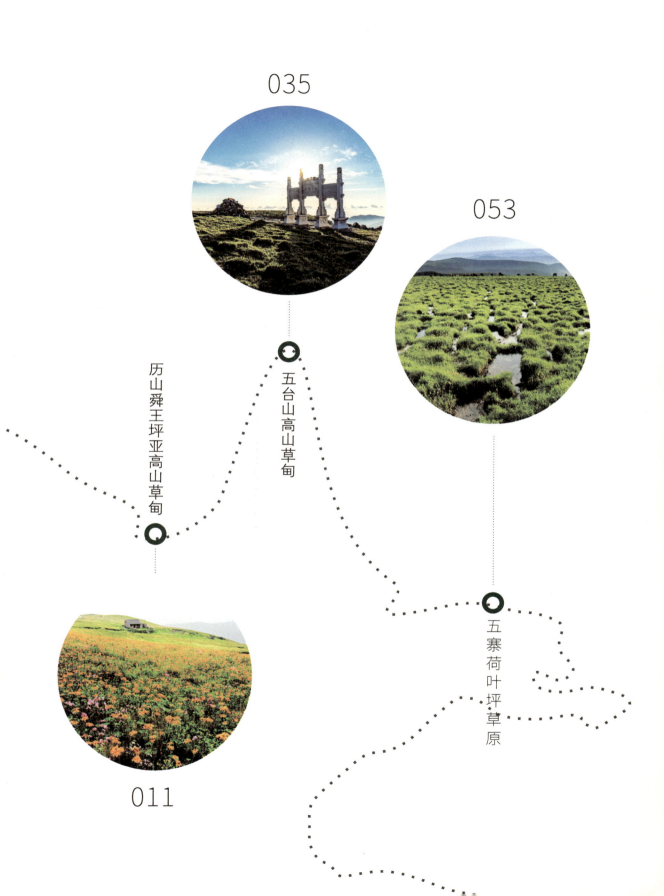

目录

C O N T E N T S

- 山西沁源花坡国家草原自然公园 069
- 离石西华镇草原 081
- 灵丘空中草原 101

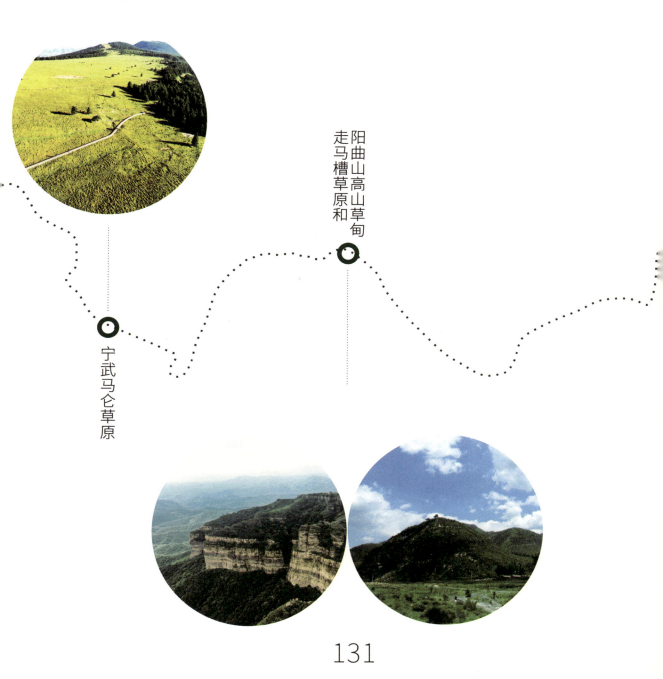

113

宁武马仑草原

阳曲山高山草甸和走马槽草原

131

目录 / CONTENTS

- 159　析城山圣王坪亚高山草甸
- 145　右玉草原天路
- 山西沁水示范牧场国家草原自然公园
- 171

187

209

广灵甸顶山草原

桑干河低地草甸

黑茶山饮马池亚高山草甸

197

林草之歌

春风识晋草——魅力草原看山西

芳草茵茵靓三晋　魅力草原看山西

文　毕建平　张冠南　孙继宏　李永梅

　　"人说山西好风光，地肥水美五谷香，左手一指太行山，右手一指是吕梁……"。山西，天高云淡，山环水绕，绿草茵茵，物产丰富，巍巍太行山从这里崛起，茫茫吕梁山在这里巍然屹立，源远流长的五千年文明史在这里沉淀，滔滔黄河水在这里演绎大合唱，绵绵汾河水孕育了无数耐人寻味的传奇故事。

　　曾几何时，人们对山西的印象，如果用某种颜色形容，大多数人印象中一定逃不出黑色和黄色：黑色代表着闻名全国的煤；黄色则代表黄土高原。近年来，在山西省委省政府的正确领导下，在全省人民以绿色为引领、久久为功的共同努力下，全省森林覆盖率由新中国成立初期的2.4%提高到现在的23.18%，实现了由黑色、黄色向绿色的嬗变。

　　绿色，是生命的赞歌，是人类发展的永恒主题。今天的山西，放眼一观，浩瀚的临海、清澈的河流、绚烂的野花、珍稀的动物、古老的历史遗

五台山驼梁高山草甸仙境 （王瑞峰 摄）

迹、浓郁的民俗风情，构成了一幅绚丽的画卷。在这幅画卷中，还有一方鲜为人知的绿色景观——草原。

草原被誉为地球的"皮肤"，是陆地生态系统重要的组成部分，是我国北方重要的绿色生态屏障。

山西是我国北方草原面积相对较大的省份之一，独特的草原资源禀赋造就了表里山河的绿色基底，与森林一起共同构筑成山西生态安全的绿色屏障。

山西草地资源主要分布在太行、吕梁山区和中部盆地的边缘地带，据20世纪80年代草地资源普查，山西天然草地总面积455.2万公顷，占国土面积的29%。

山西草原与景观相伴，具有立体性、破碎性、分散性、镶嵌性等特点。由于地形复杂，地势起伏较大，以及气候、土壤、水文等自然条件的作用，草地植被的分布出现了明显的地带性差异和垂直带差异，草地植被种类和生物多样性丰富成为草地资源的突出特点之一。

山西草原的特质是亚高山草甸，从南到北都有分布，历山舜王坪亚高山草甸—沁源花坡草原—离石西华镇草原—五寨荷叶坪草原—宁武马仑草原—五台山高山草甸—灵丘空中草原等。不同的草原形成了姿态万千的景观，诠释着各自的气质，尽显至美；不同的草原形成了绚丽多姿的文化，彰显出神奇的韵味，尽显博大精深。

山西共有山地草甸类草地、山地灌丛类草地、山地草原类草地、低地草甸类草

春风识晋草——魅力草原看山西

开卷 UNCOIL

北台屋脊 （袁敏 摄）

地、疏林草地类草地和暖性灌丛类草地六大草地类型，遍布在风沙前沿、山川纵深、河流沿岸和城乡周边。

初识草原，草原会敞开自己独有的绿色怀抱；驻足草原，你会被草原的美景陶醉；久住草原，你会迷恋草原的博大精深；痴情草原，你会卸下心防聆听最真实的自己；感受草原，浓郁的草原风情会向你扑面而来；驰骋草原，你会体验草原的宽广辽阔；欣赏草原，你会沐浴在草原的蓝天碧草之中，你会感悟草原的神奇与壮美；聚焦草原，你会发现自然美、生态美与和谐美在生命的历程中得以充分彰显。

山西草原之美，美在自然风光，美在物种丰富，美在趣闻轶事，美在林草融合。山西草原不仅有着独特的草原资源禀赋，还具有极高的生态保护、休闲旅游、生产服务和人文价值。

山西草原，在这块人文荟萃的三晋大地，旖旎的风光也不遑多让。

山西草原似花海，色彩斑斓。与其他草原相比，山西草原最独特的风景便是那一望无际、让人沉醉的花海。盛开着的各种野花，这里一丛，那里一片，沐浴着阳光在广阔的草原上争奇斗艳，散发着浓郁的芳香，放眼望去，野花如同色彩缤纷的云雾，飘落在绿色的草原上。2019年，舜王坪亚高山草甸被山西省林业和草原局命名为山西省特色花海基地。沁源花坡草原，现已成为国家草原自然公园建设试点。相传唐王李世民路过此处，见漫山遍野繁花似锦，感慨万千道："好一个花坡！"花坡草原因此而得名。每年6月间，在阳城析城山圣王坪亚高山草甸上，满山遍野的胭粉花（又名"狼毒花"）在草坪上恣意开放，一簇簇、一丛丛含苞待放的花蕾，炫耀着醉人的美丽。

　　山西草原像地毯，飘落空中。草原像是一块天工织就的绿色地毯，当你脚踩平坦开阔的草地，头顶一碧千里的天空，仿佛就能触摸到草原的脉搏，那种柔软而踏实的感觉非常美妙，让人心神向往、赞叹不已！宁武马仑草原由于地势海拔高，有着独特的地表形态，夏季植被茂盛，犹如起伏的地毯镶嵌在大地上。黑茶林局饮马池亚高山草甸地势平坦宽阔，芳草萋萋，绿茵如毯，到处翠色欲流，轻轻流入云际，宛若天赐的绿色地毯铺于高山之巅。

　　山西草原如云海，醉入仙境。草原是离天边最近的地方，当你站在高山草甸上，触手可及的云海，让你心旷神怡，望着云海滚滚涌来，云

祥和的西华镇草原　（王　京　摄）

开卷

雾随着气流上下涌动，如同一泻千里的急流涌入沟壑，淹没茫茫草原；俯视脚下，云海一铺万顷，浩浩荡荡，浓淡相宜的水墨画境，幻化而来，仿佛置身于仙境之中……

山西草原像宝库，物种丰富。山西丰富复杂的自然条件，孕育了丰富的野生动植物资源及牧草种质资源，它们在这里和谐共处，找到了永恒的归宿。在这片神奇的草原上，已发现的陆栖动物达380多种，幸运的话还可以看到金雕、金钱豹、褐马鸡、梅花鹿等近30种国家级珍稀保护动物的踪影。山西的野生牧草资源丰富，种类繁多，据调查可利用的牧草有400多种，其中优质牧草有100多种，药用植物有30多种。

山西草原映佛海，佛光普照。清代诗人谭钟岳用"非云非雾起层空，异彩奇辉迥不同。试向石台高处望，人人都在佛光中"来形容佛光绝色，甚为惊奇。山西草原多与景观相连、与寺庙佛光相映。五台山，因五峰高耸，峰顶如台而名，在这里登东台顶可观日出，西台顶能赏明月，南台顶可采山花，北台顶可望瑞雪，而环抱四周的高山草甸在五台寺庙群佛光的呵护下，更加璀璨夺目。

山西草原有传说，底蕴厚重。一个个动人的民间故事和传说，诉说着神奇的故事，又给草原增添了几许神秘。五寨荷叶坪草原因形似荷花而得名。相传，古时候一对情人，阴差阳错没有结成连理，但是，各自都嫁娶成家，不巧两人都老年丧偶，这两个人突然同时做了一个梦，梦见在一个荷花盛开的高山草甸，喜结良缘，梦想成真，过上美满幸福的生活。荷叶必产莲，莲曾断但藕丝连，重归于好。据说有许多丧偶的情人，到此喜结良缘，恩爱异常，因此感天动地！相传嫦娥飞奔月宫时，低头回望，一不留神，将一条翡翠项链落于此处，便形成了这片形如翡翠项链、颇具盛名的灵丘空中草原。

党的十八大以来，在习近平生态文明思想指引下，生态建设摆上了更加突出的战略位置，"绿水青山就是金山银山""要像保护眼睛一样保护生态环境，像对待生命一样对待生态环境""山水林田湖草沙"一体保护和系统治理等一系列新思想、新论断、新理念深入人心，推动着我国生态

马仑草原苍莽浩渺 （曹建国 摄）

文明建设发生了历史性、转折性、全局性的巨大变化。

草原作为重要的自然资源，在加强生态文明建设的今天，随着机构改革的有序推进，草原也迎来了千载难逢的发展机遇，全国人大常委会2013年颁布了新修订的《中华人民共和国草原法》，国务院办公厅出台了《关于加强草原保护修复的若干意见》，为草原生态保护修复提供了强有力的政策法规支撑，这在草原发展史上具有划时代、里程碑式的意义。同样，随着2018年10月27日，山西省林业和草原局正式挂牌成立，草原回归林草大家庭，草原职能逐步从以生产服务功能为主向以生态保护功能为主转变，吹响了新时代山西草原生态建设高质量发展的新号角。山西省委、省政府出台了《关于全面推行林长制的意见》《关于加强草原保护修复的实施意见》；山西省林业和草原局先后出台了《山西省草原生态保护修复治理工作导则》《关于着眼林草融合高质量发展扎实推进草原生态保护修复的指导意见》《关于进一步加强草原禁牧休牧轮牧工作的指导意见》《关于进一步加强草原执法监管坚决打击开垦草原和非法征占用草原等违法行为的通知》等一系列的政策文件，较好地推动了山西草原的生态保护和修复。

为了深入发掘草原生态资源和文化内涵，山西注重在宣传造势上下功夫、做文章，形成了全社会关注草原、珍视草原、保护草原的生动局面。近年来，山西省林草局坚持用动人的歌声来激发保护草原的豪情，自编自创了《林草之歌》《请到山西看草原》等草原流行歌曲，在社会上广为传唱；坚持用优美的视频来展示草原魅力，从"魅力草原看山西"微视频大赛中评选出优秀作品，在社会广泛播放；坚持靠丰富的活动来营造草原氛围，借助"草原普法宣传月"和"6·18全国草原保护日"等活动主题，精心制作草原科普知识展板、悬挂有特色的草原宣传标语、发放草原宣传图文资料，利用旗队宣传、骑阵宣传、车队宣传等宣传方式在城市广场、休闲公园、街道社区等受众面广的地点宣传草原；坚持借媒体的传播之力来为草原发声，每年组织开展一次"媒体记者草原采风行"活动，在《中国绿色时报》《山西日报》、山西电视台、山西广播电台等媒体进行各种形式的报道，并与《山西科技报》建立长期合作关系，用心用情用功做好每年不少于20个版面的草原专题报道。

号角催人奋进，发展时不我待。山西林草人用最坚决的态度"护绿"，用最科学的方式"用绿"，用最严密的制度"管绿"，紧紧围绕"两山七河一流域"生态修复治理布局，坚持"山水林田湖草沙"系统治理，全力构建林草生态建设新格局，不断推进林草融合发展，持续抓好草原普法宣传活动，强化草原依法管理，大力开展草原生态修复治理，科学指导草原合理利用，积极促进草原地区生态、经济、社会协调发展，为建设美丽山西做出了不懈的努力。截至2020年年底，山西草原的综合植被盖度达到73%，草原退化趋势得到明显改善。

林草融合发展是大势所趋，林与草唇齿相依，林因草而更加挺拔，草因林而更加秀美。草原，是绝美的诗，是无言的画，是大自然馈赠给我们的珍贵宝藏，我们要像保护自己的眼睛一样保护利用好草原，使草原永远焕发其独特的生机和活力，在建设美丽山西的征途中注入草原力量，彰显草原生态功效，让绿色真正成为山西转型发展鲜明的底色。

观草甸之阔，触雄山之巅，听秀水之声，享自然之美。胜景无限的草原值得您亲自去探索一番，山西向您盛情邀约，请来山西看草原！

扫码听歌《请到山西看草原》	扫码看视频感悟山西草原的魅力	扫码听歌《林草之歌》

山西林业和草原局草原管理处推送

马仑草原之天路　（郭锐　摄）

古帝躬耕處　千秋跡已迷
舉頭高山近　極目亂峯低
花開聞幽徑　泉聲過遠溪
黃河遙人望　天際一虹霓

——清代诗人张尔墉《登历山》

山|西|魅|力|草|原

历山舜王坪亚高山草甸

历山舜王坪亚高山草甸地处山西省垣曲、翼城、沁水三县交界处历山自然保护区内，海拔2358米。历山舜王坪有5400余亩*草地，漫山遍野盛开着山花，密密麻麻、层层叠叠铺向天际，仿佛置身纯净的天国之穹，尘世之外。

舜王坪因海拔高，气候寒冷，夏季最高气温25℃左右，冬季最低气温-15℃以下，积雪直到四月上旬才逐渐消融，故只生草本植物，不长荆棘和乔灌木，是优良的高山牧场。夏秋之际，绿草茵茵，鲜花盛开，万紫千红，格外迷人，成为历山生态旅游区里最为靓丽的风景。这里的七十二混沟是华北和黄河中下游唯一保存完好的原始森林，这里的土壤属半干旱暖温带森林草土，为褐色地带，1800米以下为棕色森林土壤，1800米以上为亚高山草甸土，峡谷地带为冲击积崖土，土壤的多样性是由于地形、气候、海拔高度、坡向的不同和植物的差异而造成的。据专家考证，这里400多种草本植物中，319种有药用价值。历山舜王坪境内有猕猴、娃娃鱼等各种珍稀动物，素有"山西的神农架""华北九寨沟""山西省动植物基因库"之称。

2019年，舜王坪亚高山草甸被山西省林业和草原局命名为"山西省特色花海基地"，2020年12月被评为"山西省十大最美草原"之一。

---

* 1亩≈666.7平方米

云端上的草原 （齐文辉 摄）

春风识晋草——魅力草原看山西

山西省特色花海基地
历山舜王坪亚高山草甸

文 毕建平 李永梅 许佳林

群峰竞秀的中条山依偎着碧波浩渺的母亲河，灵山、秀水、森林、奇峰、云海的瑰丽，共同成就了秀美而神秘的历山。在这片圣地上，声名远扬的历山采天地之灵气，集日月之精华，纳九州之俊秀。奇峰、怪石、清涧、溶洞、水帘称为"五绝"；林涛、山风、冰雪、雾雨、古迹、光影、动物、植物、药材、村庄称为"十胜"，无不让世人心驰神往。如果说历山是八百里中条山上的一顶皇冠，那么舜王坪亚高山草甸就是皇冠上熠熠生辉的明珠。2019年，舜王坪亚高山草甸被山西省林业和草原局命名为"山西省特色花海基地"，成为"山西最美草原"之一。舜王坪亚高山草甸地处山西省垣曲、翼城、沁水三县交界处历山国家级自然保护区内，是历山国家级自然保护区的主峰，海拔高2358米，坪顶宽广平缓原面，构成同

历山舜王坪亚高山草甸

暮色霞光耀草甸 （邢来魁 摄）

纬度地区人所罕见的亚高山草甸景观。

迷人的自然风光

在四季轮换间，舜王坪亚高山草甸忽而妩媚、忽而热烈、忽而雄健、忽而沉静，美得让人沉醉：春季，躲在土地里睡觉的小草苏醒了，从土地里探出它们那嫩绿的、尖尖的小脑袋四处张望，散发着生机勃勃的力量；夏季，满山遍野的山花争相绽放，花团锦簇、五彩缤纷、姹紫嫣红，凉风习习吹拂，花海绿波柔柔飘过，整个草甸宛若一块镶满鲜花的大锦被；秋季，各种植物渐渐变黄，金灿灿一片，秋风和煦轻柔，蓝天白云飘逸悠扬；冬季，走进那坦荡无垠的雪域草原，心会被眼前的纯净而感动，淡淡的蓝天与纯白的草原交相辉映，纯粹、耀眼、妙洁、如练……

绿草如茵草原之醉 （李伟 摄）

南天门是历山舜王坪亚高山草甸的制高点，两块巨石对峙，如通向天界敞开的大门。登上南天门眼前开阔得仿佛一下子置身于悬崖边，这里可朝观日出，暮看晚霞，脚下是深不见底的幽谷，远处是层层叠叠的群山，历山全貌尽收眼底。

花开烂漫草原之艳 （康辉 摄）

人常说，不登舜王坪，不算真正到过历山。难怪清朝诗人张尔埔站在舜王坪顶，注目犁沟，俯瞰群峰，远眺黄河，慨叹万千："古帝躬耕处，千秋迹已迷。举头高山近，极目乱峰低。花开闻幽径，泉

静谧悠远草原之夜 （李伟 摄）

勾儿茶　　　猕猴

云雾缥缈草原之仙（苏苇 摄）

声过远溪。黄河遥入望，天际一虹霓。"

丰富的物种资源

舜王坪亚高山草甸拥有丰富的植物物种资源，也是各种珍奇鸟类和动物的天堂，舜王坪西南的"七十二混沟"是华北和黄河中下游唯一一块保存完好的原始森林，素有"山西的神农架""华北九寨沟""山西省动植物基因库"之称，是旅游观光、科普研学的绝佳之地。

舜王坪亚高山草甸的土壤属半干旱暖温带森林草土，为褐色地带，1800米以下为棕色森林土壤，1800米以上为亚高山草甸土，峡谷地带为冲击积崖土，土壤的多样性是由于地形、气候、海拔高度、坡向的不同和植物的差异而造成的。据专家考证，舜王坪生长着154种草本植物，其中大多具有药用价值。

境内的野生动物330种，占山西省野生动物种类的80%以上，珍贵的动物有金雕、大鸨、金钱豹、梅花鹿、猕猴等45种国家一、二级野生保护动物。

身处草甸，经常可以看到金雕翱翔于天空，松鼠跳跃于丛林，灵芝、猴头、野人参等散落在林间。

动人的秘闻传说

当您观赏着碧波万顷、一望无际的草

原；当您沉醉于层峦叠翠、风光迤逦的壮观景象；当您一次又一次地赞美历山的浩瀚与伟大，一遍又一遍地感悟大自然的神奇与美妙的时候，一个个美丽、动人的神话传说更为舜王坪亚高山草甸增添了几许神秘。可以说，舜王坪亚高山草甸见证了华夏始祖披荆斩棘、勇于探索和奋斗的艰辛历程。在周围居住的百姓中，至今还流传着许多关于帝舜的古老故事……

相传，帝舜曾在此躬耕，并编制了黄河流域的物候历——《七十二候》，故后人称之为历山。为了在历山种出五谷，帝舜每天赶着牛、扛着犁，在历山顶上进行耕耘，百姓为了纪念舜耕历山，将之称为舜王坪。

你看，在花草间有一条细壕沟，将舜王坪截然分为东西两半，这便是传说中当年舜驾大象犁出的鸿沟，它是中国北方粟作物的开启地，享誉"华夏第一犁"。舜不仅在这里播撒五谷，而且还在这里观测天象，故称"舜王犁沟"。

在坪西侧的半山腰建有"圣坪舜帝庙"，俗称"三落脚庙"。舜王庙因纪念舜耕历山而建，始建于宋元，原为砖木结构，后多次复建，现为砖木石结构。整座房屋和院落用石块堆砌而成，古朴而不失典雅，庙内供奉着帝舜和他的两个妃子娥

历山之冬　（周明社　摄）

奶泉

舜王犁沟

茫茫的大雾如烟如涛 （张晓 摄）

皇和女英，三人在此得以团聚。来此的人都会上香，以表达对我们的先祖舜，这位伟大君主的无限敬仰和感恩之情。

奶泉是舜王庙前的一眼泉，这里水量虽然不大，但常年川流不息，传说为娥皇挤奶的地方，至今还流传着"娥皇挤奶大节头，高山顶上水长流"的动人故事，这里的水甘甜下火，人们来到这里都要争着喝上几口，据说能治百病，当地百姓敬之为"神水"。

穿过舜王坪长长的步道，拾级而上，两棵红桦树映入眼帘，一株婀娜多姿，形如天女散花；一株亭亭玉立，姿态柔美优雅。两株树前后相依，伫立坪上，昂首远眺，恰似娥皇、女英盼舜归来，故名"妃子林"。

舜王坪北面有一座山，岩石层层重叠，连绵起伏，像一群翘首南望的猴子。传说当年，大仁大慈、深受百姓爱戴的舜王南巡未归，众百姓翘首以待，就连历山的猴子也聚集在一起，在这里南望，盼着舜王归来，时间一久，猴子就变成了那些南望的石猴，当地人称此景为"群猴望月"。

千奇百态的山石，刀削斧劈的悬崖，雄奇壮观的瀑布，浓荫蔽日、绿树遮天的林海，奇妙有趣、引人入胜的溶洞，有虚有实，有明有暗，巧夺天工；自然景观和厚重人文的默契，珠联璧合相得益彰。移步换景，游目以骋怀，一幅绚丽的生态画卷正在历山舜王坪亚高山草甸上风行漫卷。在这里，您可以看到历山舜王坪景色的万千仪态；在这里，您可以探寻华夏农耕文明的博大精深！

胜景无限的舜王坪亚高山草甸，值得你亲自去探索一番——一睹她的芳容，一品她的灵性。

春风识晋草——魅力草原看山西

美图 Meitu

风光无限，笔酣墨饱的文字为舜王坪亚高山草甸书写了动人的诗篇；风景如画，异彩纷呈的图片亦为舜王坪亚高山草甸增添了曼妙的色彩！就让我们跟随镜头纵情驰骋在草原上吧！

看那起伏的山峦如点缀在绿色海洋中座座小岛，随波荡漾，蔚为壮观；看那绵延的草甸如从天边飘来的地毯，繁花似锦，绿草如茵……

历山舜王坪亚高山草甸

繁花似锦舜王坪草原 （侯霆 摄）

春风识晋草——魅力草原看山西

历山舜王坪亚高山草甸

云海汇草甸 （邢来魁 摄）

草原风光如诗似画 （李平安 摄）

草原美景一碧千里 （王建富 摄）

草原眺銀河

山有霭,心无垢
当你披着一身草木的清香
从这人间的大美之处,侧身而过
——你经过的每一滴露珠,都是亲人

草原眺银河 (胡波 摄)

草原星空繁星点点 (吕向前 摄)

极目青天日渐高
玉龙盘曲自妖娆
无边绿翠凭羊牧
一马飞歌醉碧宵

环保车换乘点 WC

环保车换乘点
舜耕广场
品街　历山度假村
务中心
停车场

舜王坪·龙脊 （孙荣祥 摄）

舜耕历山

舜王坪为历山第一高峰,因"舜耕历山"于此而得名。坪上气候一日多变,红日下会下起丝丝细雨,阳光下也起云生雾,一日可领略到四季奇景。舜,传说中的父系氏族社会后期部落联盟首领,历来被列入"五帝"之中,奉为华夏至圣。舜从小受父亲瞽叟、后母及后母所生之子象的迫害,屡经磨难,仍和善相对,孝敬父母,爱护异母弟弟象,故深得百姓赞誉。《史记》记载:"舜生于蒲阪(今永济市),渔于获泽(今阳城县),耕于历山。"因品德高尚,在民间威望极大。他在历山耕田,当地人不再争田界,互相很谦让。人们都愿意靠近他居住,两三年即聚集成一个村落。当时部落联盟领袖帝尧年事已高,欲选继承人,四岳一致推举舜,于是,尧分别将自己的两个女儿娥皇、女英嫁给舜,让九名男子侍奉于舜的左右,以观其德;又让舜职掌五典、管理百官、负责迎宾礼仪,以观其能。皆治,乃命舜摄行政务。尧把帝位禅让给舜,28年后去世。舜选贤任能,举用"八恺""八元"等治理民事,放逐"四凶",任命禹治水,完成了尧未完成的盛业。

七十二候

相传，舜王当年耕治此山时，曾编制了黄河流域用来指导农事活动的物候历《七十二候》，历山也因此得名。

"物"指生物，"候"指气候。历山在当时农业已经很发达，农耕的需求使人们开始细微地观察自然现象。

观察自然，总结规律，历山成为七十二候起源地。"春生夏长，秋收冬藏""白露早、寒露迟，秋分种麦正当时"。在晋南一带，老百姓在秋分前一定会把麦地腾倒出来，并尽量在秋分当日把麦子种进地里，然后静待冬天的一场大雪——"今冬麦盖三层被，来年枕着馒头睡"。这些耳熟能详的生活经验，不仅有植物的，还有动物和非生物的，如"云走东，雨不凶；云走南，水满塘；云走西，水产陂；云走北，晒死贼""枕头回潮、雨在明朝"等。这些，即是我们所说的物候观察记录，是一年中月、露、风、云、花、鸟推移变迁的过程。

历山云海漫无边际 （胡波 摄）

群猴望月

在舜王坪北面草坡上,有一排天然石头形成的石墙,高低参差不齐,其中有一个猴形石头十分显眼,当地人称此景为"群猴望月"。在舜王坪周围各县百姓中,至今还流传着许多关于舜帝种粟等古老故事,还有尧王望仙村访贤的故事。

妙趣横生石头墙 （孙燕 摄）

高山草甸迎晨光 （吕向前 摄）

大雾弥漫似仙境 （苏苇 摄）

远眺舜王坪 （柴二虎 摄）

沽漯汤坡

沽漯汤坡，名字来源于舜帝故事《汤洒拙坡》，其成因，一为地震说，一为冰川说，至今尚无定论，是地质学界一不解之谜。

历山舜王坪沽漯汤坡四周树木参天，葱葱郁郁，唯独中间小山坡乱石遍地，常年雨水冲刷干净整洁，但无一苗杂草，这一奇怪现象是地质学家至今难解之谜。

耕历山的时候，舜王精耕细作，把舜王坪草甸的石头拣出来，扔到沽漯汤坡，久而久之，舜王坪的土壤肥沃，风调雨顺，种植五谷杂粮，年年丰收。这里的土豆特别好吃，好多人慕名而来，品尝这里的土豆。

还有个传说：舜王有两个媳妇，想知道谁能干，通过厨艺分大小。其中一个天天给舜王送饭，另一个媳妇想做大，但不会做饭，七天才做了一碗沽漯汤，舜王一挥手，把碗打翻，摔成碎片，就成了现在不长草的"沽漯汤坡"。

黑龙潭和白龙潭的传说

舜王坪脚下的下河西村前有一条长流河，黑龙潭就在河中山间的峡谷中，顺着山谷往西800米处有一白龙潭。传说，这里是当年舜养的两条龙的栖居处。黑龙管雨、白龙管风。当地百姓每逢旱年即往黑龙潭求雨，夏天炎热时，到白龙潭求风。平时没事时，两条龙都在潭上方玩耍、嬉戏，练习呼风、吐水，日积月累，吐出的水，借助风势，加上下雨，逐渐形成了三个大潭，三级瀑布，梯形而下。旧社会周围各县百姓在天旱时，抬着猪牵着牛前来求雨，燃放完鞭炮后，即把贡品全部推入潭中，说是喂龙，不几日雨就下来了。人们为了感谢二龙，盖起了白龙庙和黑龙庙，香火旺盛，至今小庙尚存。传说归传说，但黑龙潭的水，从表面上看是黑色的，常年洪水加上山洪暴发时的大水冲击，使潭越来越深，但到底有多深，无人得知。水是黑色的，是由于潭深的缘故。另外这里还有小壶口之美称。

碧绿如翡翠，飞龙高在天　（齐文辉　摄）

历山草原风光无限美　（王卫明　摄）

扫码看视频
感受历山舜王坪亚高山草甸的
活力

山西历山国家级自然保护区管理局提供　　　　　　　　　　晋城市规划和自然资源局推送提供

历山草原草地斜阳　（王卫明　摄）

  一幅绚丽的自然画卷正在历山舜王坪亚高山草甸上风行漫卷。

  在这里，您可以感受笔触渲染下的舜王坪亚高山草甸，如一首诗，铿锵的文字诉说着浩瀚之美；

  在这里，您可以领略辽阔画卷下的舜王坪亚高山草甸，如一幅画，绚丽的风光渲染着苍茫之美；

  在这里，您可以倾听壮阔歌声下的舜王坪亚高山草甸，如一首歌，曼妙的韵律吟诵着洒脱之美；

  在这里，您还可以心随意动，眼逐美好。用目光去探寻鬼斧神工的大自然和博大精深的华夏农耕文明，感受自然景观和厚重人文的默契。

西北天低五顶高　茫茫松海露灵鳌

太行直上犹千里　井底残山柱呼号

万壑千岩位置雄　偶从天巧见神功

湍溪已作风雷恶　更在云山气象中

山云吞吐翠微中　淡绿深青一万重

此景只应天上有　岂知身在妙高峰

——金·元好问《台山杂咏》

山|西|魅|力|草|原

五台山高山草甸

五台山属太行山系的北端，位于山西省忻州市东北部，地跨繁峙、五台、代县三县，山地东部陡峭、西部较缓、顶部平坦，因有东台、南台、西台、北台和中台五个平台状山顶而得名。北台叶斗峰海拔3061米，是华北地区最高峰，素有"华北屋脊"之称。

五台山地区气候多变，高山部分气候寒冷，又被称作"清凉山"。在山顶全年平均气温为零下4.2℃，7至8月最热，平均气温分别为9.5℃和8.5℃，1月份最冷，平均气温零下18.8℃，年降水量近1000毫米。土壤类型以亚高山草甸土和高山草甸黑土为主。由于太行山脉与恒山隔断了东南、西北气流，使得五台山成为特殊的小地形气候区。气候湿润，水源较为充足，草地宽广，植被类型多样，植被垂直分布较为明显。

五台山区草地面积380万亩，其中五台山山地草甸类面积160万亩，是山西省面积最大最优良的天然草地之一。它是在最优越的水热条件下形成发育起来的，分布地域开阔平坦，土壤肥沃，是主要由多年生草本植物为主体组成的群落类型，牧草种类多，被当地人称为"油草"草原。

五台山草地面积广阔，地形复杂，蕴藏着丰富的植物资源、微生物物种资源以及国家一级保护动物。每年6~8月是五台山旅游的黄金季节，是一个极好的夏季牧场。其中海拔2470米的南台，被称之为"锦乡峰"，是五台山高山草甸最美丽的景色。2020年12月被山西省林业和草原局评为"山西省十大最美草原"之一。

五台山高山草甸金山银山 (闫寿 摄)

山云吐翠妙高峰
灵空圣境 大美草原

文 吴强 李峰

　　五台山，因五峰高耸，峰顶如台而名。在这里登东台顶可观日出，西台顶能赏明月，南台顶可采山花，北台顶可望瑞雪。作为世界佛教名山，凭着自身的优美秀丽、博大精深、气势磅礴而闻名于世。环抱四周的亚高山草甸则以其丰富的植物类型和让人心旷神怡的美景，与森林、高山、寺院、河流融为一体，扮靓了五台山，赢得了"绿色明珠"的美誉。

　　"沉沉浓雪助云烟，百草千花雨露篇"，金代著名文学家元好问曾这样赞叹五台山。在这片广袤的草原上隶属于五台林局的草地面积为59.2万亩，其中亚高山草甸4.74万亩，散落分布于五个台顶，平均海拔在1800~2100米之间，伴同针叶林或落叶阔叶林，是华北地区最典型、类型最丰富、草质和生产力最高的山地草甸，有薹草、珍珠

五 台 山 高 山 草 甸

华北屋脊五台山高山草甸 （朱艳春 摄）

百草浓绿的五台山高山草甸 （王祥雨 摄）

蓼、地榆、金露梅、铁杆蒿、金莲花、狼毒花等几十种代表性植物。草甸区年均温度6~8℃，年降水量600毫米以上，无霜期130天。

作为五台山一道靓丽的风景线，独特的草地景观吸引着大批的游客和摄影爱好者。每年6月初，草甸的冰雪刚刚融化，红色的山桃花、粉色的报春花就相继开放。进入烈日炎炎的7月，亚高山草甸则是另一番景象：黄的、红的、白的各种不知名的花儿竞相开放，这里成了花的海洋。"野花野草喜煞人，返璞归真现原形""山在绿中、庙在草中、人在画中"，这是每个置身其中的游客由衷的赞誉。

草甸既有美学价值，更具生态效益。天然草地不仅能截留可观的降水量，而且有较高的渗透率，对涵养土壤水分有积极作用。同时草地还具有调节气温和空气湿度的能力，又是保持水土、防风固沙的"卫士"。

五台山草甸的美，有"细数落花因坐久，缓寻芳草得归迟"的惬意感，又有"马蹄踏得夕阳碎，卧唱敖包待月明"的遐思情，当阳光洒落在碧绿的草甸上，便为人们展开了一幅壮美的画卷，磅礴的气势、柔柔的情怀、广袤的视野时时迎接着世人的感慨与惊叹！

五台山高山草甸

绿野茫茫的五台山高山草甸 （朱艳春 摄）

五台山高山草甸生态美 （闫寿 摄）

五台山高山草甸北台屋脊 （袁敏 摄）

美图 Meitu

五台山高山草甸的一切都在山峰与云海之中。云雾在青翠的山峦间飘荡出没，一眼望去满是深深浅浅的绿色。酣畅淋漓的文字诉说着北台的凉漠无情、西台的美丽迷人、东台的迷雾朦胧、南台的百花争艳和中台的美轮美奂。五台山高山草甸的画卷慢慢铺展着，宁静而神秘……

五 台 山 高 山 草 甸

五台山高山草甸四野茫茫 (景慎好 摄)

绿茵如毯的五台山高山草甸 （朱艳春 摄）

绿裹青装的五台山高山草甸 （朱艳春 摄）

林草之海

东临真定北云中
盘薄幽并一气通
欲得宝符山上是
不须参礼化人宫

——清·顾炎武《五台山》

（刘志峰 摄）

五台山高山草甸风光旖旎 （宁东升 摄）

五台山高山草甸云上牧场

（宋旭红 摄）

群峰历尽到巅峦
极目清凉境界宽
山入雁门真设险
地藏佛国即长安
雨来绝涧自成响
云渡远溪时作团
花落经台钟梵寂
袈裟香霭翠云蟠

——宋·史监《五台山和韵》

望海寺

在很久以前，有一个村子，村子里的姑娘长的十分娇艳动人，其中有一个最漂亮的姑娘，天天来河边梳头，河水清澈无比，河边香气四溢，所有人都不知道，这条潺潺流动的小河源头是在浩瀚的东海，东海的太子，每天都在欣赏姑娘的美丽。

有一天，贪婪美色的太子，把姑娘抓到龙宫软禁起来，并提出要与姑娘成亲。可姑娘并不钟情太子，又不敢直言顶撞，聪明的姑娘，灵机一动，委婉地对太子说："想要成亲可以，只要太子尊重我的请求，送我回家，并正式下聘，我便依你。"内心虽不情愿的太子，碍于美色，只好答应姑娘的要求。姑娘回家后把事情告诉村里的百姓，百姓们纷纷暗自疏散，美丽的姑娘每日不停地祈求菩萨，搭救自己。终于，成亲的日子来临，太子抬花轿来娶亲，美丽的姑娘不肯服从，惹怒了太子，水淹村庄，由于百姓们早已疏散，村中并没有伤亡。因为姑娘的善心，感动了文殊菩萨，就在此时，文殊菩萨前来解救了姑娘，并把放水的太子压在碗底。

这就是望海寺的传说，也正是明月池的故事。相传，只要是有缘人，在明月池的圆孔内，向里看，可以看到前世今生。

清凉寺

相传五台山原名五峰山，气候异常恶劣，冬天滴水成冰，春天飞沙走石，夏天酷热难当，农民们根本无法到田里种庄稼。文殊菩萨碰巧到这里传教，看到人们遭受苦难，决定改变这里的气候。

文殊菩萨了解到东海龙王那里有一块神石叫"歇龙石"，可以把干燥的气候变得湿润，于是变成一个化缘的和尚，到龙王那里借歇龙石。

文殊菩萨来到东海，见龙宫外面果然有一块巨石。还没有走到跟前，已经感觉到一股凉气迎面扑来。文殊菩萨见到龙王，说明来意。龙王很抱歉地说："大法师借什么都行，唯独这块歇龙石不能借。因为它是花了几百年工夫从海底打捞上来的，清凉异常，龙子们每天工作回来，汗水淋漓，燥热难耐，便在上面歇息养神，你若借去，龙子们就没有歇息的地方了。"文殊菩萨反复说明自己是五峰山的和尚，是为了造福于人间特地来求援的。

龙王心里不愿意把神石借人，又不便直接回绝文殊菩萨的请求。估计这位老和尚一人无法将石头运走，龙王勉强答应说："神石很重，没有人能帮助你，你如果能拿得动，就拿走吧！"

文殊菩萨谢过龙王，走到神石跟前，口念咒语，立刻使巨石变成了小小的弹丸。文殊菩萨将弹丸塞进袖筒，然后飘然而去。老龙王惊得目瞪口呆，后悔莫及。

文殊菩萨回到五峰山时，正是烈日当空，因为久旱不雨，大地干裂，人们遭受着深深的苦难。文殊菩萨把神石安放在山中间的一条山谷中，奇迹发生了：五峰山立刻变成一个清凉无比的天然牧场。于是，这条山谷被命名为清凉谷，人们又在这里建了一座寺院，起名叫清凉寺，五峰山也改名叫作清凉山了。

高低起伏的五台山高山草甸 （朱艳春 摄）

五爷庙

很久以前，五台山地区并不是清凉胜境，而是酷热难熬，当地百姓深受其苦，专门为人排忧解难的大智文殊菩萨便从东海龙王那里巧妙地借来一块清凉石，从此五台山变得凉爽宜人风调雨顺，成为避暑胜地。

而这清凉宝石原本是龙王的五个儿子播云布雨回来驱暑歇凉之物，当他们发现歇凉宝石被文殊菩萨带到五台山后，便尾随而来大闹五台山，直把五座峰削成五座平台，要讨回清凉石。但文殊菩萨毕竟法力无边，很快就降服了五位小龙王，让他们分别住在五座台顶。而五龙王被安排在最高的北台，专管五台山的耕云播雨。

人们感激他为五台山地区造福，为五龙王建殿造像加以供奉也就是自然的事情了。五龙王居于殿内正中，左侧为大龙王、二龙王、龙母，右侧为雨司、三龙王、四龙王。据说，五龙王以前是黑脸，但为什么我们所见却是金脸呢？这是因为佛教传言，说王爷性子暴烈，侍奉稍有不周，就要发脾气动怒。脸由黑色变为金色，就使五爷的脾气变温和了。

美视觉
Beauty vision

山西省五台山国有林管理局提供

扫码看视频
感受五台山高山草甸的
神秘

扫码听歌《绿色追梦》

五台山高山草甸灵空圣境　（刘志峰　摄）

五百里道场风风雨雨，依旧日出东台，月挂西峰，花发南山，雪霁北巅；
两千年香火断断续续，又是晨钟悠扬，晚磬清澈，香烟缭绕，胜幡翩跹！
让我们一起带上眼睛去朝圣五台山，去看高山草甸，去听庙宇风铃！

我游管涔荷叶坪　平台高擎白云封
林丛车行四十里　坪头草铺三万顷
满山松杉黄间翠　半天云雾雪送风
归来淹滞时过午　潺潺溪流月照空

——续范亭《登管涔荷叶坪》

山|西|魅|力|草|原

五寨荷叶坪草原

  荷叶坪亚高山草甸，坐落于五寨县南30公里，宁武、五寨、岢岚三县的交界处，海拔2783米，面积3万多亩，属管涔山脉。关于名字的由来，清代《岢岚州志》有记载："因山巅圆盘，形似荷叶。"故名"荷叶坪"，是管涔山的最高峰，是华北较大的亚高山草甸，素有"高原翡翠"之美称，亦有"云杉之家"和"华北落叶松故乡"之美誉。荷叶坪是黄土高原上迄今为止保存最好、最为完整的一块高原绿洲，是黄土高原上难得的绿色明珠。

  草原广袤万亩，青草茂盛。盛夏时节，五颜六色的花卉，将草甸编织得如同绣花地毯，醉人至极。许多到过荷叶坪景区的人感叹道"三晋既有荷叶坪，何劳远涉内蒙古"。放眼远望，到处是一群肥牛壮马，在远处随着云雾的流动若隐若现，星星点点的蒙古包点缀其间，让人生出一番别样的情趣。

  在这瑰丽的草原上，有党参、黄芪等400多种名贵药材和山桃、杏、蘑菇、木耳、蕨菜等野菜。在这里可以目睹世界珍禽、"山西省鸟"褐马鸡的风采，还能见到160多种国家一、二级保护野生动物如黑鹳、金雕、小天鹅、虎、金钱豹等的踪影；在这恢宏的草原上，可观飞来石、石猴望月、茫茫林海、北齐长城、怪松园、奇石苑、骆驼峰等景点，还可眺望芦芽山、虎头山等，这繁花似锦的草原，使人流连忘返，久久沉醉。这里被称为"绿的世界，花的海洋，动植物的天堂"，受到越来越多的游客的青睐。

  2020年12月被山西省林业和草原局评为"山西省十大最美草原"之一。

荷叶坪草原南将台的鱼·莲子 （王跃棠 摄）

春风识晋草——魅力草原看山西

花草醉人绿映红
"醉美"荷叶坪草原

文　毕建平　宫建军　景慎好

　　绿色，地球上最美的颜色，而有着地球"皮肤"之称的草原便是这片绿色的基石。

　　有诗人曾这样说过，迷恋草原的人，内心都流淌着不同的血液。

　　天苍苍，野茫茫，这是草原才有的辽阔和深远。

　　天穹压落，云欲擦肩，这是草原才有的豪迈和洒脱。

　　湛蓝的天空，清澈的河水，这是草原才有的情怀和胸襟。

　　山西，中华文明的发祥地之一，在这片"表里山河"的热土上，分布着以亚高山草甸草原为主、类型多样的二三十个草甸草原。

　　在诸多的草甸草原中，荷叶坪亚高山草甸就像一颗绿色的明珠镶嵌在管涔山上。

五寨荷叶坪草原

荷叶坪草原夕照 （潘晓华 摄）

而山西芦芽山国家级自然保护区管理局的全体人员就是这颗明珠的守护者，守护着她的多姿、守护着她的静谧、守护着她的平安。

荷叶坪坐落于宁武、五寨、岢岚三县的交界处，是管涔山的最高峰，海拔2787米，面积万余亩，是以高山绣线菊、金露梅灌丛以及薹草等禾本科、莎草科植物为主的山地草甸，是华北地区面积较大的亚高山草甸之一。山上百草茂盛，山花争奇斗艳，泉水奔流不息，气候清凉宜人。

林草唇齿相依，林因草而挺拔，草因林而秀美。

四季常青的云杉和亭亭玉立的落叶松仿佛忠诚的卫士，环抱在荷叶坪的四周，拱卫着这颗"高原翡翠""绿色明珠"。

云海茫茫的荷叶坪草原　（曹建国　摄）

荷叶坪由北将台、南将台和连接两台的谷地组成。占地5000余亩的北将台相传曾是宋代杨六郎屯兵整军之地。北将台有古长城一截，据专家考证属北齐长城，与五寨县城南笔架山边墙相接。南将台和北将台上有几十个大大小小的"海子"，据说"遇旱不涸，遇涝不溢"，常年有水，而且这些"海子"大都圆得非常规则，有人猜测是陨石砸落所至，让人不得不惊叹大自然的造化神奇。

晨光绚丽的荷叶坪草原　（郭锐　摄）

荷叶坪草原天然牧场　（赵建斌　摄）

荷叶坪草原广袤万亩，青草茂盛，盛夏时节，五颜六色的花卉，将草甸编织得

辽阔无垠的荷叶坪草原　（潘晓华　摄）

如同绣花地毯，让人陶醉。许多到过荷叶坪景区的人感叹道："三晋既有荷叶坪，何劳远涉内蒙古。"

在这片神奇的草原上，还可以有幸目睹世界珍禽、"山西省鸟"褐马鸡的风采，还能见到金雕、阿穆尔隼等国家一、二级保护野生动物的踪影；芦芽山的林中之王——金钱豹在此也有活动的痕迹。

这里被称为"绿的世界，花的海洋，动植物的天堂"，当然，还分布有远近闻名的荷叶坪八景。

骆驼石峰。在通往荷叶坪入口处，路旁有一座高大孤立的花岗岩石峰，活像一头久行沙漠走累了的骆驼，卧在山间，形神兼似。

荷叶长老。在荷叶坪东南侧悬崖中间，有一花岗岩巨石，高达百米，形似一僧人，面目威严凝重，下巴被高大繁茂的青松遮盖，状如飘卷的胡须。

文殊雄狮。文殊雄狮也是一座花岗岩巨石，整座山峰相对高程300米，坐落在荷叶坪东颠，相传是文殊菩萨的雄狮坐骑，头部向东扭回，似乎在回望芦芽山佛顶。

石栅马桩。文殊雄狮北侧有一处石栅马桩，四周高、中间低，入口处十分狭窄，如同牧人制作的栅门。马栅内牧草青青，向阳避风，马栅外有天然石桩，可供拴马。

北齐长城。在通往岢岚方向的山脊上，有两处北齐长城保存得非常完整，巨石砌边，中间填碎石，连同石壁高约5米，顶宽3米。

六郎将台。荷叶坪南北两端各有一高

荷叶坪草原 （毕建平 摄）

不尽美景荷叶坪草原 （潘晓华 摄）

地，民间相传为杨六郎点将台。站在点将台上，可远眺芦芽奇峰，俯瞰周围群山，景色十分壮观。

弥涟异水。又称弥勒异水，俗称金莲池，在荷叶坪东马头山上，水深丈余，广十丈，水呈金色。《静乐县志》载："弥涟池'朝则纷郁祥云，暮则辉映皓月'"。

雪山积素。刚刚入秋，荷叶坪广袤的

五寨荷叶坪草原

牧草丰盛的荷叶坪草原　（邓平　摄）

山势连天地，风光夏似春。
老僧修转密，古寺为谁新。
荷叶坪前客，莲花峰下人。
芦芽有识者，坐久欲相亲。

——清·汪可受《芦芽山》

山顶上已是白雪皑皑，直到来年的早春仍是如此。唐初诗人杜审言《经行岚州》诗中曾赞曰："往来花不发，新旧雪仍残。"

国内有专家曾这样评说："荷叶坪是黄土高原上迄今为止保存最好、最为完整的一块高原绿洲，是黄土高原上难得的绿色明珠。"

近年来，山西芦芽山国家级自然保护区管理局认真学习习近平生态文明思想，把握践行"绿水青山就是金山银山"的发展理念，在省林业和草原局的大力支持下，在管涔山国有林管理局的正确领导下，不忘初心、牢记使命，通过砌拦截坝、外运客土填平、铺设草皮、撒播草籽、修排水渠、埋设铁刺丝围栏、铺设悬空木栈道等方式对荷叶坪受损的草甸及侵蚀沟进行恢复治理，制作了形式多样、内容丰富、通俗易懂的宣传标语碑、牌，同时，通过加大封山禁牧督查力度、对游客的不文明行为进行劝导等方式，使受损的草甸及侵蚀沟得到了根本恢复，这颗绿色明珠又恢复了往日的容颜。

黄毯悄然换绿坪，古原无语释秋声。马蹄踏得夕阳碎，卧唱敖包待月明。这就是"醉美"荷叶坪。

美图
Meitu

"芦芽山山高,顶到荷叶坪当腰。"

一片无边无际的荷叶铺展于峰顶之上,高海拔形成的小气候让人欣赏到了荷叶坪的绚丽多彩,晴空万里中突然飘来的清纱随风飘荡,被雾环绕的坪顶烟波浩渺,旷古高远,如临仙境。在蓝天白云下骑着马儿信马由缰,到荷叶坪深处去充分感受亚高山草甸的美丽景致。

一望无垠的尚卡坪草原 (郑代富 摄)

三晋既有荷叶坪
何劳远涉内蒙古

五寨荷叶坪草原

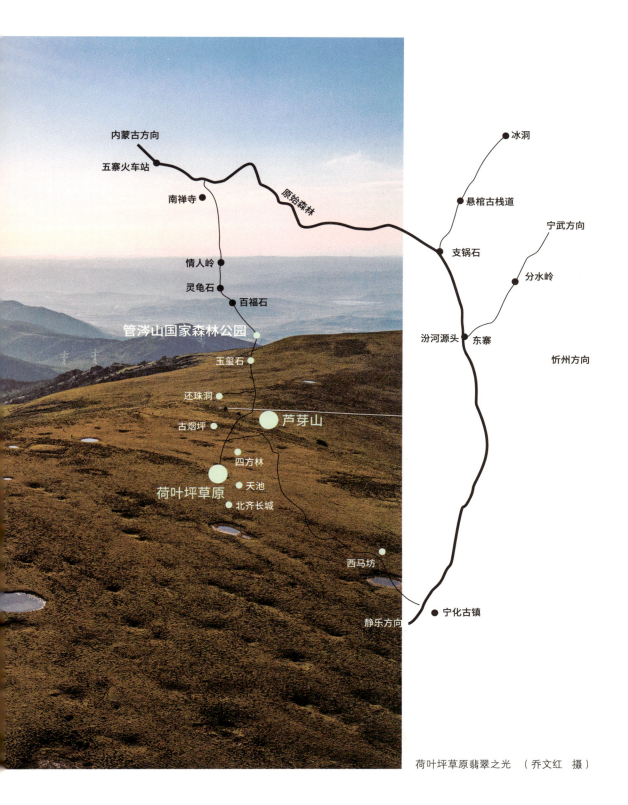

荷叶坪草原翡翠之光 （乔文红 摄）

传奇故事

荷叶坪草原
(邓平 摄)

荷叶坪山

上古，当汾河洪水泛滥的时候，突然从遥远的地方漂来了一片荷叶。在这荷叶上端坐着一位鹤发童颜的长者。长者手端罗盘，频频转动，口中诵吟着威力无比的咒语。这荷叶顺着洪水漂啊漂，漂到了汾河发源地——今宁武县一带。长者施尽法术，念尽咒语，洪水终不能治。这时候，勇于造福万民，矢志根治洪水的长者便使出最后绝招，将自己乘坐的荷叶变成了一块呈荷叶状的巨石。巨石渐渐长大，居然形成了一座大山。大山压在汾河源头，洪水终于被治服，而长者亦修成正果，飞升而去。由于这大山由荷叶变成，顶部状似荷叶，故而得名。

关于荷叶坪的得名，清代《岢岚州志》说得明白：因"山巅圆盘，形似荷叶"而得名。的确，"山呈芦芽状，坪展荷叶形"是对芦芽山、荷叶坪地形地貌的绝佳概括，如果把荷叶坪比作一片飘浮在百里绿色林海之上、随风舒卷的大荷叶，那么和它比肩而立，别名"莲花峰"的芦芽山主峰则恰如一朵花瓣紧拢、含苞待放的荷花。

扫码看视频
感受五寨荷叶坪草原的
静谧

山西芦芽山国家级自然保护区管理局提供

扫码听歌《森林圆舞曲》

金蟾望日（郭锐　摄）

  这是一幅方圆百里、横跨三县的荷花图！荷花亭亭玉立，荷叶随风舒卷。草原上大大小小的池塘恰如荷叶上滚动的露珠，草原上发源的条条溪流好比一条条富有生机的叶脉，这些溪流汇聚形成的清涟河则好似长长的叶柄。好一片碧翠娇嫩、举世无双的"天下第一大荷叶"！

  在山巅远眺云海，近睹羊群，随风起舞嬉戏玩闹；

  在天然氧吧里吞吐日月精华，任山风吹拂你疲倦的身躯。

  随镜头置身其中，天人合一，物我两忘，放空自己，拥抱更美好的未来……

黄花地 百草香
策马百里无穷样
敕勒川 牛羊壮
内蒙草原悠且长
且将花坡当故乡

——巩乃彦《沁源花坡当故乡》

山西魅力草原

山西沁源花坡国家草原自然公园

花坡位于沁源县西北部王陶乡,平均海拔2300米,是太岳山的主峰之一,具有高原气候特征。以蔓上草地为主,面积约十万余亩,属山西省屈指可数的典型亚高山草甸之一,草甸类型可与五台山媲美,花草种类达120余种。这里全年平均气温4℃,冬季寒冷,夏季凉爽宜人,空气清新,景色优美,早可登高看云霞日出,晚可赏山岚婀娜暮色。实属赏心悦目,旅游避暑的绝佳境地。

花坡山顶呈馒头形,山顶坡度平缓,无崖,林木稀少,遍地生长着矮矮的野草和豆科植物,每年从6月份开始,豆科植物鲜花盛开,五颜六色,各具形态,密如栽种。相传隋朝末年,唐王李世民率军路过此地,见万紫千红,不禁随口说道:"好一个花坡!"花坡由此而得名。

春夏之际,花坡上各色花草争奇斗艳,绵延万亩,花期长达4个月之久,空气中到处弥漫着醉人的花香,因此享有"天然花园""太岳花篮"之美誉。

花坡的秋天很美,很靓,很仙。冬天的花坡又是另一番景象,及至冬日,花坡之巅银装素裹,积雪凸现,远远望去,恰似东瀛岛国"富士山"克隆。因花坡属绵山山系,古人称此景观为"绵山积雪"。

2020年8月被国家林业和草原局确定为国家草原自然公园的试点单位。2020年12月被山西省林业和草原局评为"山西省十大最美草原"之一。

沁源花坡草原晨曦之光 （毛海平 摄）

美文
belles-lettres

春醉四月花香远
寻梦草原 相约花坡

文 徐靖

"一道道山圪梁梁一阵阵风,一曲曲那个沁源秧歌暖融融。一坡坡那个山花,一坡坡林……"

她,被称作"高山上的花园",和繁华城市保持着微妙的距离。

她,面积达到了40平方公里,但与沁源县城,仅相隔68公里。

她,错落有致,蜿蜒立体,却让心灵在这里,寻觅到归宿。

相传这里因唐王李世民路过此处,见漫山遍野,繁花似锦,赞而得名。花坡草原因其特殊的地理位置及地貌特征,不仅有着较高的生态保护和合理利用的示范价值,还兼具生态旅游、科学研究和自然教育价值。

质朴的名字背后是无法掩饰的天然和

山西沁源花坡国家草原自然公园

沁源花坡草原 （毕建平 摄）

万紫千红趴满坡 （贾瑞发 摄）

草原上镜收美景的人 （赵军 摄）

清水出芙蓉的清秀。通往主峰的路上，沁人心脾的绿意涌入眼帘。草长莺飞当中躲藏着的姹紫嫣红，透过小小的花，看到摇曳枝头的青涩；藏在花坡中的小村庄犹如养在深闺之中的少女，揭开了闺阁的幕帘，吸引了一波又一波的观光游客。

氤氲在眼眉之中的美景，旖旎在心怀中的情怀，蓝天草地之中的静谧无声，只剩下风经过身边的温婉低语，让这个小小的村庄有了别样的构图，宛若世外幽秘的仙境。

独特的地理条件造就了这里奇特的"小气

云端之上的沁源花坡草原 （康辉 摄）

芳草连天的沁源花坡草原 （邱启明 摄）

广袤无垠的沁源花坡草原 （齐文辉 摄）

悠悠风车，茫茫草甸 （范荣鑫 摄）

候"，平缓无崖，林木稀少，因其平均海拔高达2300米，所以遍地生长的矮草类高山植物形成了天然的亚高山草甸，是太岳山区优良的天然牧场。

以蔓上草地为中心，花坡的旅游面积达到了一万余亩，在山西省内是屈指可数的典型亚高山草甸之一，2020年8月国家林草局确定花坡为国家草原自然公园建设试点。

在这里，能感受到风吹过发梢，鼻尖萦绕着植物的独特清香，向四周望过去，不远处的风电机组与绿色草甸交相辉映，形成了独具特色的生态建设和绿色发展的绝美景色。

在这里，你能看到各式各样120余种花争相开放的盛景，花期更是长达4个月之久，花开时节，漫山遍野绵延数十万亩，"太岳花篮"的美誉远近闻名。及至冬日，花坡之巅银装素裹，翠墨林海之上，一如雪山之境。因为花坡属绵山山系，古人称其为"绵山积雪"。

夏与冬，花与雪，花坡悄然间展示着独属于这里的草原魅力。

驻足这里，每一个游人身上都带着故事，卸下心防，感受最真实的自己。

感受这里，你能听到风的呼吸，那是属于草原的邀请。

聚焦这里，她正在向世界讲述花坡的天之蓝、花之海、心之梦。

这里是一处"养在深闺"的清凉世界；

这里是一处"鸟鸣山更幽"的清净之地；

这里是一处"林茂草奇花艳丽"的天然氧吧；

行走在一幅幅美丽又梦幻的画面中感受悠然惬意的美好生活，醉心其中，无法自拔。

山西沁源花坡国家草原自然公园

电闪碧波清空远 （武学忠 摄）

草原上的新能源 （魏文仓 摄）

矜持庄重的牛

（康辉　摄）

山高石头多
出门就爬坡
扁担街上磨
担的都是歌

——沁源民歌

沁源花坡草原静谧之晨

（宋增峰　摄）

Beauty vision 美视觉

扫码看视频
感受沁源花坡国家草原自然公园的蓬勃

长治市沁源县人民政府提供

山西省太岳山国有林管理局提供

　　欣赏过一幅幅风光旖旎的自然画卷，让我们用视觉亲身体验，去倾听、去触碰、去感受沁源花坡草原上的风行漫卷。

　　花开时节，这里漫山遍野绵延数十万亩；及至冬日，花坡之巅银装素裹，一如雪山之境。氤氲在眼眉之中的美景，沉浸在宛若世外幽秘的仙境，邀您寻梦草原，相约沁源花坡。

倾倒自然是诗人的感动

讴歌自然是诗人的激情喷涌

而离石华西草原却让我落魄失魂

绿浪 碧空 牛马 羊群

还有那白云下嬉戏可爱的生灵……

总让我舍不下 忘不了 荣梦翻腾

——巩乃彦《华西草原情愫》

山|西|魅|力|草|原

离石西华镇草原

西华镇草原位于吕梁市离石区东北40公里处，小东川边境，是离石、交城、文水的交接点，是一个美丽的天然亚高山草甸风景区。周围山体总体呈北南走向，顶部宽缓平展，高低起伏都是缓坡。山间谷地长3000多米，宽1000多米，由北向东南倾斜开阔平展。弯曲的山脊两侧为截然不同的天地：一面是起伏绵延郁郁葱葱的原始森林；另一面谷地是草原景象。

西华镇草原处于群山环抱之中，地属高寒湿润区，年平均气温6~8℃。即使酷暑逼人的夏季，西华镇草原仍是一片荫凉，是休假避暑的胜地。

草滩遍地奇花异草，林间寻迹珍禽异兽。草原四周松柏环抱，森林内有褐马鸡、豹子、狍子、山鸡、野兔等20余种动物，党参、黄芩等百余种中草药。腹地万亩草坪，骡马成群、牛羊遍地，春夏绿草如茵、山花烂漫、清泉中涌、天高云淡、凉爽宜人，秋日草药遍地、香味四溢，黄树红叶令人陶醉。在黄土高原深藏这么一颗绿色的宝珠，实属罕见。

晴日西华镇晴空万里，白云缭绕。极目远眺，青山叠翠，风和景明，天地悠悠。草原周围有一座座小山丘，牛羊和马群自在地穿梭。雨天，满山烟雨一片迷漫，给西华镇牧场披上了神秘的面纱。

西华镇草原 (王胜利 摄)

青山叠翠处 天高鸟作歌
群山环抱绿色明珠
风光旖旎休闲佳境

文 梁小明 武保平 屈旺荣

在山西省吕梁山脉深处，黄土高原的群山环抱间，有这样一处号称"华北第二大草原"的亚高山草甸，其地势平坦，绿草如茵，植被繁茂，蓝天白云下牛羊穿梭其间，风景美不胜收。这处山间的"绿色明珠"就是西华镇草原，西华镇草原位于吕梁市区东部约40公里，吕梁市、交城县、文水县三市（县）交界处，跨山西省关帝山国有林管理局千年、双家寨、文峪河、三道川四个林场，素有"鸡鸣犬吠闻三县，花开香四邻"的说法。草原所在地区南北长约20公里，面积两万多亩，四周山体总体呈南北走向，顶部宽缓平坦，高低起伏都是缓坡，由北向东南倾斜开阔平展。其中森林占60%，草地占40%，由弯曲的山脊分开，一面是起伏绵延郁郁葱葱的森林；另一面是绿草如茵的草原景象。此处平均海拔在

离石西华镇草原

祥和的西华镇草原　（王京　摄）

雪韵西华镇大草原　（王皂生　摄）

2000米以上，年平均气温6~8℃。草原动植物种类丰富，有褐马鸡、豹子、狍子、黄喉貂等20余种保护动物，沙棘、薹草、唐松草、地榆等上百种植物。

西华镇草原又称四十里跑马墕。《山西山河大全》载"四十里跑马墕，主峰狐言山，原名宽平沿"。西北部紧邻骨脊山，清人顾祖禹《读史方舆纪要》提到汉赵政权的开国皇帝刘渊去骨脊山（谷积山）时，也曾到此。中华民国六年（1917年），山西省政府所辖之"山西全省模范畜牧场"引进荷兰牛数十头，在柏峪沟谷掌胡家沟村东、西沟村西设立山西全省模范畜牧场二场，将此处作为牧场。中华民国十六年（1927年），因此处开阔平坦，阎锡山又将此处设为骑兵旅营地，这里便成为当时的骑兵操练场。

随着近年生态旅游的兴起，西华镇草原成为越来越多人青睐的旅游目的地。每逢节假日，周边游客三五成群到这片生机勃勃的草原上摄影、踏青。西华镇草原群山环抱，风景秀丽，驻足遥望，群山如黛，层峦叠翠，一派生机。登高望远视野辽阔，自然风光优美，山体地貌奇特，草原一望无边，绿茵如大海波涛，此起彼伏，美不胜收。晴日里天光云影间，青山叠翠，风和景明。一幅和谐的自然美景油然呈现在眼前，

一望无垠的西华镇草原　（王胜利　摄）

让人增添活力，顿感心旷神怡。它不仅是林区一道亮丽的风景线，而且是修身养性、领略自然风光、观光旅游的好地方。

随着游客增多，旅游公司也加大了开发力度，增设了蒙古包、射箭场、骑马等旅游项目，为游客提供了更丰富的休闲娱乐设施。

如此美景，怎能不叫人用心呵护？通过持续的草地保护修复手段，就能让这片绿色天地不断地为人们提供生态资源、生态产品和经济产品，达到人与自然和谐共处，林草资源永续利用。

草原是地球的皮肤，森林是大地的衣裳，草因林而美丽，林因草而挺拔，林与草融合形成了地球上最重要的一类生态系统的景观。在习近平总书记视察山西重要讲话和山西省委十一届九次会议精神指引下，林草融合势在必行。全面推进林草高质量发展，就是为山西省转型发展提供生态支持。古有大禹治水，今有林人治草。2020年6月5日，山西省出台了《山西省草原生态保护修复治理工作导则》，关帝山林管局率先将西华镇部分受损、退化的草甸分为围栏封育、人工修复、松土复壮、补播改良四个区域进行试点修复，退化的草地逐渐焕发出了绿色的生机。

通过对它的保护修复，西华镇草原必定会成为具有山西特色的亚高山草甸生态观光旅游区和自然景色观赏区。关帝山林草人将抓住山西草原保护与生态修复的发展新机遇，逐步开启林草融合高质量发展的新篇章。

西华镇大草原之一　（邓平　摄）

美图 *Meitu*

骡马成群、牛羊遍地,绿草茵茵、山花烂漫,天高云淡、清泉中涌;

心旷神怡,漫山烟雨的美图再为西华镇草原披上神秘的面纱!先从这里陶醉在欢歌飞奔的草原上吧!

瞧!红绿吐艳的花草,各自成行的蒙古包。再极目远眺,看那奇峰林立,白云缭绕,青山叠翠,风和景明,天地悠悠……

离石西华镇草原

西华镇草原牧歌 （刘亚峰 摄）

春风识晋草——魅力草原看山西

"别毁我家园"（胡天才 摄）

苍翠欲滴的西华镇大草原 （张瑞华 摄）

广袤的西华镇草原 （武志刚 摄）

离石西华镇草原

春季西华镇大草原 （张瑞华 摄）

西华镇草原一角 （王艳飞 摄）

西华镇草甸风光 （王胜利 摄）

西华镇草原千年景区 （王皂生 摄）

离石西华镇草原

雪域西华镇草甸风光 （薛贵平 摄）

西华镇草原和谐共处 (王艳飞 摄)

春风识晋草——魅力草原看山西

西华镇草原银装素裹 （张瑞华 摄）

冬季之西华镇草原 （张瑞华 摄）

离石西华镇草原

雪韵西华镇大草原　（王皂生　摄）

传奇故事

大美西华镇草原
（薛晓斌 摄）

四十里跑马塬

四十里跑马塬，南起胡家沟西峰，北止刘王郓山，长达20公里，这平坦开阔的塬面曾是十六国时期汉赵（即前赵）政权的开国皇帝刘渊建在西华镇高原草甸上的跑马场，而刘王郓山正是其屯兵所在。刘渊是西汉时期匈奴首领冒顿单于的后裔。刘邦将宗室之女嫁给冒顿单于，与其相约为兄弟，因而其子孙都以刘氏为姓。公元304年，身为西晋的匈奴北部都尉的刘渊，借八王之乱之机，在左国城（今离石）称王反晋，20日之间就聚众5万，国号为汉，建立了中国历史上第一个少数民族政权。随之，石勒、王弥等各方领袖相继而来，他们的铁骑便把西华镇草甸当作放牧的草场，在这里屯兵驻扎，操练兵马。

中华民国六年（1917年），山西省政府所辖之"山西全省模范畜牧场"引进荷兰牛数十头，在柏峪沟谷掌胡家沟村东、西沟村西设立山西全省模范畜牧场二场。下设4个分场，分别建于东葫芦川后岭底村、中西川横尖、苏家湾、刁窝等处。中华民国十六年（1927年），交城二场并入静乐二场，此处便成为阎锡山骑兵旅营地。四十里跑马塬便成为骑兵操练场。

美视觉

Beauty vision

扫码看视频
感受离石西华镇草原的
辽阔

山西省关帝山国有林管理局提供

扫码听歌《追梦林海》

并驾齐驱西华镇草原 （李文奇 摄）

  莹然的自然画面呈现眼前，让人增添活力，心旷神怡，真是纳凉避暑休闲胜地。
  你来，静静感悟西华镇草原，如绿色宝珠，晶莹剔透；
  你来，慢慢领略西华镇草原，如上苍淡描，神采奕奕；
  你来，轻轻抚摸西华镇草原，如雨碎心田，曼妙洒脱；
  你自驾而来，满满的惊喜，深深的回味，临别时心田回声"我会再来"。

仙女下凡到人間
醉美其中不想還
王母急召返宮殿
怒拋項鏈雲中天

——谢占杰《灵丘草原似仙女项链》

山 西 魅 力 草 原

灵丘空中草原

空中草原——甸子梁，位于灵丘县柳科乡刁泉村东南，与河北涞源、张家口蔚县交界，东西狭长，南北广阔，海拔2159米，面积3万多亩，属亚高山草甸，也是山西省典型的五花草甸。四周是陡峭的山坡，顶部宽广平坦，因其高峻平坦而被冠以"空中草原"。这里夏季无暑期，春秋无尘沙，空气湿润，气候温凉，是许多喜好冷凉的动植物的"美好家园"。空中草原上有500多种野生植物，70多种野生动物。这里"万紫千红春常在，月月季季景不同"。空中草原的花草之多、之盛、之美、之奇，令人目不暇接，叹为观止。春天里，最先绽放的是黄色的蒲公英。那时的空中草原一片金黄。随后，红色的野花便会像一条巨大的红地毯覆盖草原。到了夏天，空中草原的颜色反复变化，前半月还是粉色的，到后半月却变成了蓝色。等到了盛夏，这里五彩缤纷，简直就是天然的大花园。

站在山顶，天似穹庐，覆盖四野，无边无垠，开阔壮观。据去过内蒙古草原的人讲，这里的绿色景观并不比内蒙古逊色，且气候凉爽，山花烂漫，绿草遍野，游客置身其中，尽情欣赏感受草原的别样风韵，吸纳天地间清新之气，或骑马漫游，奔驰于原野之间，自感心旷神怡、恍若进入物我两忘之境。草原之上人与马、草与花、蓝天与白云等一切景象，交织成一幅幅自然和谐、美丽壮观的画卷。

2020年12月被山西省林业和草原局评为"山西省十大最美草原"之一。

空中草原晨曲 （索建设 摄）

白云如絮绿浪涌
醉美草原在大同
穹庐四野　灵丘空中草原

文　武俊生　柴凤宇

空中草原位于大同市灵丘县柳科乡刁泉村东南，东西狭长，南北广阔，海拔2159米，总面积36平方公里，属山地草甸。四周是陡峭的山坡，顶部宽广平坦，因其高峻平坦被冠以"空中草原"。

草原广袤万亩，青草茂盛，盛夏时节，五颜六色的野花将草甸编织得如同绣花地毯，醉人至极。这里夏季无暑期，春秋无尘沙，空气湿润，气候温凉，是许多喜好冷凉动植物的"美好家园"。空中草原上有500多种野生植物，70多种野生动物。这里"万紫千红春常在，月月季季景不同"。

站在山顶，天似穹庐，笼盖四野，无边无垠，开阔壮观。这里夏季气候凉爽，山花烂漫，绿草遍野，游客置身其中，尽

灵丘空中草原

无边无垠的空中草原 （索建设 摄）

情欣赏感受草原的别样风韵，吸纳天地间清新之气，或骑马漫游，奔驰与原野之间，自感心旷神怡、恍若进入物我两忘之境。草原之上人与马、草与花、蓝天与白云等一切景象，交织成一幅幅自然和谐、美丽壮观的画卷。

听骏马的蹄声远去 （刘治新 摄）

当你来到灵丘空中草原，当你信步走在空中草原松软的天然草坪上，当你远看连绵不断的群山时，层层叠翠的林带和蔚蓝清湛的天空，朵朵白云就像漂浮的棉花向你招手，仿佛举手可得，松软的草坪就像大地母亲的手托举着你，让人真真切切地感到云就在头顶，地毯就在脚下。

心旷神怡的空中草原 （孙秉权 摄）

天蓝草碧的空中草原 （索建设 摄）

绵延千里的空中草原 （孙秉权 摄）

碧波荡漾的空中草原 （索建设 摄）

美图

临境空中草原,登立山顶,天似穹庐,奔驰原野,物我两忘。

人与马,草与花,蓝天牵系着白云,游客沉浸在草原的别样风韵,交织成一幅自然流畅、魅力壮观的巨幅画卷。

灵丘空中草原

美丽草原我的家 （索建设 摄）

风云际会牛角鞍 （索建设 摄）

山花烂漫的空中草原 （刘钢 摄）

扫码看视频
感受灵丘空中草原的
风韵

大同市规划和自然资源局提供

扫码听歌《绿色放歌》

逶迤连绵的空中草原　（索建设　摄）

万紫千红春常在，月月季季景不同。
举目望去，碧空如洗，白云似絮，碧浪涌动，花海斗艳；
凝心聆听，笛声悠扬，铃声叮叮，风云悸动，欢歌阵阵；
置身其中，吸纳天地，别样风韵，骑马漫游，恍若隔世。
空中草原之美，之奇，相映成诗。

馬侖東望月宮天
萬年冰洞世罕見
晋山鼻祖當管涔
直陪汾水億萬年

——谢占杰《马仑草原赞》

山|西|魅|力|草|原

宁武马仑草原

在山西省宁武县境内的管涔山顶,有一块广袤的亚高山草甸,这就是闻名遐迩的旅游胜地——马仑草原。草原坐落于高山之巅,以苍茫宽广为特色,最高海拔2712米,面积6000多亩,色彩鲜嫩翠绿。在这神奇的草原上,盛开着各色各样的鲜花,当你一踏上去,感觉松软舒适,就像一块大地毯。这草原中间,生长着许多不知名的高山植物,如鬼见愁,游客皆感新奇稀罕。在草原周边环绕着许许多多壮美的景点,诸如去草原必须要经过汾河源头和令人神往的情人谷口,还要经过美丽神奇的试剑石、飞来石、鸳鸯石、石猴望月、巨人等奇石,要穿过茂密的原始次生森林,经过旱荷叶园。铺满鲜花的亚高山草甸更让你流连忘返,蒙古包点缀在草原上,开辟草原风情游,游客不去内蒙古,在黄草梁上,就能体会到大草原粗犷寥廓的风情。旺季到来时,马仑草原上游人如织。荷叶坪草原和马仑草原在此遥相呼应,各领风骚,成为人们休闲旅游观光的好去处。

2020年12月被山西省林业和草原局评为"山西省十大最美草原"之一。

空气清新的乌仑草原 (曹建国 摄)

春风识晋草——魅力草原看山西

美文

belles-lettres

璀璨夺目景相连
马仑草原美醉人世间

文 谢占杰 毕建平 常志勇

马仑草原生长在300万年前形成的管涔山上，修炼这么久了，花草枝头挂满了祖祖辈辈观赏后洒下的泪珠珠，草根根里头又记载了世世代代留下的动人故事，因此，马仑草原，美轮美奂，璀璨夺目，不忍还！

为了观赏马仑草原的清晨美，观赏露珠里的马仑草原，盛夏我们起大早就爬到了草原上。高山大地上的阳气腾升，与高空寒气相遇，形成了雾帘，在草原上翻腾、漂移，在花草上生成了一串串晶莹剔透的露珠，那么纯洁，那么圆润，恰似朝阳与花草在亲吻，在释放她们的激情！让人不敢迈步，不敢高声，生怕打破这超然物外的宁静。红彤彤的朝阳徐徐升起，给清晨露珠披上了片片霓虹，整个草原光怪

宁武马仑草原

横无际涯的马仑草原风光 （刘和平　摄）

陆离，颗颗露珠像五彩珍珠，璀璨夺目，仿佛置身龙王藏宝宫，让人眼花缭乱，目不暇接，感觉有点眩晕、喜、激动！情不自禁地趴在地上，一点一点地匍匐着挪动着，那露珠构成幅幅美妙的景，帧帧迷人的画尽收眼底，全然不知衣服被露水浸湿，我激动的滚烫的泪珠像断了线的珍珠一颗颗滴落到花草叶面上滚动，真切地感受到一位哲人之言！"诗人是大自然的奴隶，也是大自然的情人！"也感受到花草与太阳一见钟情的闪光，大放异彩！

蜘蛛网上的露珠，更是摄人魂魄，精美绝伦。造物主把颗颗露珠打造得一般大小，难分伯仲，被阳光折射出赤橙黄绿青蓝紫七彩的光芒。蜘蛛网织得那么的漂

舞者与草甸的邂逅　（曹建国　摄）

远山的呼唤　（郁朝宁　摄）

马仑草原生态风光　（曹建国　摄）

宁武马仑草原

原野辽阔的马仑草原 （刘和平 摄）

碧草青青的马仑草原 （聂建伟 摄）

翠色欲流的马仑草原 （聂建伟 摄）

亮，露水珠也挂得那么的匀称，像珍珠饰品，自然界竟然如此的巧夺天工！花草吸着阳光，格外得精神抖擞。那些露珠多么像人们被感动的泪珠，洒满在花叶上，滚动着，碰撞着，小的在变大，晶莹透亮的本质没变，花草艳丽翠绿惹人醉的本质没变。晨光升起，花草如同人一般，朝气蓬勃起来，千姿百态起来，看来万物生长靠太阳是永恒的真理。我全神贯注地观赏着、思考着。

凝神中梅鹿哞哞的叫声，草丛中褐马鸡突然振翅腾空，盘旋的雄鹰瞄准野兔，像疾风闪电般地俯冲寻找着"餐品"。整个草原突然打破宁静，跳跃着，喧闹起

来。眺望远处,一对对情侣,一伙伙游人向草原走来,几个小伙子站在山崖上,将双手成喇叭状放在嘴边使出吃奶的劲呼喊:"我爱你!""我来了"……呼喊的回音震耳欲聋。摄影师咔嚓、咔嚓按动着快门,把多少美景抢收怀中。美女们更像叽叽喳喳的喜鹊,摆弄着各种造型与花草比俏。还有穿着婚纱照相的;男士跪着向女士献花的,不一而足,马仑草原立刻一派生机盎然。

再看看草根根里记载了多少故事。据《水经注》载:"燕京亦管涔之异名也。"《淮南子·地形训》:"汾水出燕京。"管涔山东承阴山余脉,南接吕梁云中,古称"晋山之祖",形成于300万年前新生代第四冰川期。从宁武县东北境的盘道梁到县西南境的石家庄镇止,峰峦重叠,99座大小峰峦统属管涔山系,海拔在2000米以上者,有49座。山地占总面积的95%,为1888.32平方公里。山的高大,汾水与桑干河之源,足以让你感受到"晋山之祖"的壮美!

宁武马仑草原

江山如此多娇 （齐文辉 摄）

马仑草原之眼 （齐文辉 摄）

芦芽山是管涔山系的一座主峰，2002年以来，我去过两三次，给我的印象是山水相依，青松翠杉，灌木丛生，绿草野花，天池水美，汾河泉涌，鸟飞禽鸣，清风习习，山路蜿蜒，林深山幽，悬棺栈道，冰洞火山，景点相连，云雾缭绕，宛如仙境，奇美无比，美醉了人世间，不忍还！

马仑草原就位于芦芽山路经太子殿的半山腰上，山形奇特，在森林的怀抱之中，我的思绪飞扬，曾写下了一首《奇美管涔山》的歌："奇美管涔山，峰尖尖插云端，像芦芽芽长到月亮边。古老汾河源，龙口吐莲光闪闪。山水相依美醉了人世间……"

又据史书记载，北魏孝文帝拓跋宏于北魏延兴元年（公元471年）把天池辟为皇家游猎园林后，曾有北魏孝文帝、北齐文宣帝、北齐孝昭帝、隋文帝、隋炀帝、唐高祖、唐太宗、唐高宗、武则天等18个帝王曾到过天池游猎避暑。以至北齐武平七年（公元575年）10月，北齐后主高纬携冯小怜大猎天池，乐不知返，丢掉了江山。唐代诗人李商隐在其《北齐》诗云："一笑相倾国便亡，何劳荆棘始堪伤。小怜玉体横陈夜，已报周师入晋阳。"啊！足以让人们感受到天池与草原之美的分量。天池周围的荷叶坪、马仑草原设皇家牧监，每年牧战马70万匹,故天池又叫马营海。大诗人元好问在写燕京山及天池的诗中曰:"天池一雨洗氛埃,全晋堂堂四望开。"据说,历代文人墨客,赞美管涔山的诗文不胜枚举。马仑草原周围,还与许多的景点相连,如万年冰洞、悬棺、栈道、夹驴石、护林老翁、石猴护林、看花台、南天门、将军石等自然景观。草原传说又是北宋杨家将的练兵场,有北将台、南将台、石马栅、跑马湾等遗迹。草原是植物的基因库,野生植物约有560多种,其中木本植物60多种,最主要的树种是华北落叶松和云杉,被称为"云杉的故乡""华北落叶松之家"。草本植物500多种,药用植物丰富。也是野生动物的自由王国,野生兽类36种,鸟类116种。兽类中有梅花鹿、原麝、艾叶豹、金雕、狍羊等。禽类中除美丽的杜鹃、鸳鸯、石貂、红隼、锦鸡、黑鹳等,还有世界珍禽、国家一级保护动物褐马鸡。这些无不使你流连忘返,驻足游览。

两千多年过去了,天池与草原仍以碧蓝秀丽的美景迎接八方游客。草根根里记载着的故事,回声声讲述了一遍又一遍,又记载了多少新故事。我受感染,也写下了情歌一首:

"太阳一睁眼总是亲着她不松手,月

马仑草原勃勃生机 (蒋云琪 摄)

宁武马仑草原

马仑草原日出　（乔文红　摄）

马仑草原精灵　（郭海全　摄）

马仑草原的符号　（齐文辉　摄）

　　亮喜欢她一夜夜来守候，游人醉的情歌唱了一首又一首，马仑草原看得俺喜泪泪滚满花叶叶上头。

　　太阳下山涨着红彤彤的脸不想走，星星常挑逗遛下来牵她的手，谁人见了都兴得要吼一吼，马仑草原听得俺回声声刻满草根根上头。"

美图

这神奇的马仑草原,将草甸、森林、高山、峡谷、奇松、怪石、长城、将台、基塔融为一体,当你身临其境,定会惊叹大自然的神奇壮美。

观,她那独特的地表形态,犹如起伏的大地毯;
闻,她那芳草茵茵山花烂漫,像是少女在暖阳里摇曳;
品,她那鲜嫩翠绿松软舒适,又如情人谷口的那丝挂怀;
那美图等你再拍,那仙境与你徜徉。

宁武马仑草原

牛羊如云的马仑草原 （曹建国 摄）

广阔的马仑草原 (曹建国 摄)

马仑草原美景如画 （曹建国 摄）

魂牵梦萦的马仑草原 （曹建国 摄）

山西省管涔山国有林管理局提供

扫码看视频
感受宁武马仑草原的
广袤

扫码听歌《奇美管涔山》

心驰神往的马仑草原 （聂建伟 摄）

在这茫茫黄土高坡之中，竟铺垫着一席如此茂盛的绿毯。
就像哀嚎的风，也许还有漂泊的狼。
就像避世的秦人，也许还有春天的花。
就这样静静地漂泊、绽放……
脚下野花繁开，眼前一片豁然开朗，虽未遇脚踏云海，却可远眺百里，心旷神怡。也许孤独才能享受马仑草原所独有的与云天的近距之感。

断崖分冀晋　烟景使人痴

溯远干流尽　登高一览奇

烽台寻古意　草甸记雄姿

多少钩沉事　依稀觊可知

——赵巧叶《过和顺走马槽》

山 西 魅 力 草 原

走马槽草原和阳曲山高山草甸

1. 走马槽草原

位于山西省和顺县松烟镇东南部，与河北省邢台市白岸乡接壤，是太行山和华北平原的断层地带、晋冀的分水岭。区内地势南北高，东部以悬崖为界，与河北省接壤，中部地势坪坦，绿草茸茸，植被较少，视野宽广，是最佳的观景胜地。

走马槽地处晋冀两省的分界岭上。一眼望去，奇峰绝壁，格外险峻。周围约15平方公里的山岭上，绿草如织，犹如置身于北国大草原之中。更为奇特的是，在半山腰有一个千米的大溶洞，洞内石笋、石柱、石钟乳形态各异，并有石花、石菊、石珍珠等，玲珑剔透，大有南国景观之秀丽。在这里可以使人真正领略太行大断岩之峻拔、北国草原之豪迈。

2. 阳曲山高山草甸

阳曲山，古名首阳山，意为太阳出来首先照到这里。阳曲山高山草甸位于山西省和顺县东南20公里的松烟镇，晋冀豫三省要塞，南与左权橡叶岭为邻，北靠清漳河，由东北向西南延伸，全长16公里，平均海拔1800~2000米，山峰林立，地势险要，主峰奶奶顶海拔2058.5米，雄伟壮丽，地势险峻，属黄土丘陵沟壑区，地貌为起伏喀斯特侵蚀中山，土壤以淋溶褐土为主，兼有石质土，厚度25~60厘米。

和顺阳曲山高山草甸属温带大陆性气候，冬寒且漫长，夏短而凉爽，春秋不很明显，春季少雨多风，夏季雨量较多且集中。草原生态系统结构完整，植被种群组成较好，植被丰富，野草茂密，植被盖度较高，草原类型为山地草原类草地、亚高山草甸类，自然植被主要为温带或暖温带落叶林、针叶林和落叶灌丛。适宜的自然气候，为野生动物的生存繁衍创造了优越条件。山顶草甸上远眺阳曲山下的阳曲沟，纵深幽静，溪流淙淙。

春风识晋草—— 魅力草原看山西

走马槽草原和阳曲山高山草甸

巍巍太行尽收眼底 （袁国炜 摄）

倾听草原心声
感受自然魅力
—— 走马槽草原是你向往的草原

文 谢占杰 毕建平

走马槽草甸，地处晋冀两省的分界岭上，太行山国有林管理局海眼寺林场管辖区内。相传唐朝末年黄巢发动起义路经此地时，曾在这一带安营扎寨，操练兵马。草甸面积1500余亩，是一个集自然风光、人文景观、草原文化于一体的独特旅游、观光胜地。这是一片美丽的草原，有奇峰绝壁、大溶洞等独特自然景观和黄巢起义的"护墙""烽火台""望台"等历史文化遗迹。

天地造就了这里的奇特清幽。南北两山对峙，中部状若马鞍，坡缓延展，细草如毯，山花若饰，长空澈澈，白云悠悠。

我没有去过草原，也没有去过长城。走马槽草甸却让我在层叠的大山深处看到了草原的自由和广阔，闲暇的时候，闭上

走马槽草原和阳曲山高山草甸

奇特幽静的走马槽草原 （郑代富 摄）

春风识晋草——魅力草原看山西

眼睛静静地回想一种绿，那是一种豁然的绿，到处鼓荡着欢快和爽朗，高远和辽阔，天地间充盈着一种原始、真挚的美。

可是，慢慢走近它，却发现它粗犷浩荡里蕴含着丰富和细腻。那旋覆花、曼陀罗、香薷、蓝盆、橐吾等好多的野花在绿毯上随风摇曳，它们色彩各异，五彩缤纷，如绿毯上编织的朵朵云霞，流光溢彩。天上是飞鸟和白云，它们时刻都在变换着形态，犹如一场场盛大华美的视觉盛宴。轻闭双眼，去感受和煦的阳光，感受舒适的清风。只有在这里，才能得到真正的自由，心灵的释放，走马槽草甸——你最想来的草原。

走马槽草原日出时分　（乔文红　摄）

金色的走马槽草原　（袁国炜　摄）

走马槽草原的雪景 （袁国炜 摄）

雪后的走马槽草原 （袁国炜 摄）

春风识晋草——魅力草原看山西

美文

belles-lettres

太行首阳山色青
恰似天上看人间
——游和顺阳曲山高山草甸

文　巩乃彦　谢占杰

　　阳曲山距和顺县城20公里，位于松烟镇北地脑村。北临清漳河，南接左权，东居晋冀豫三省之要冲，为华北之屏障，战略地理位置十分重要。阳曲山凭207国道，榆邢省道，阳涉铁路，交通方便。群山延绵16公里，平均海拔1800~2000米，主峰高2058米。年平均气温6~8℃，年降水量500~600毫米，属温带大陆性气候。群峰林立，地势险要，植被茂密，灌木丛生，苍松虬曲，动植物资源丰富。山呈屏障，地显突兀，路九曲而无踪，山环抱而无垠，鸟啼兽鸣，百花妩媚，溪流鸣珮，松涛呼啸，断崖溶洞。此山典故与故事动人，是人文底蕴深厚之地。登顶，和顺县城一览无余，真乃恰似天上看人间！

　　阳曲高山草甸，既有江南风光的旎丽秀美，又有北方的雄宏豪迈粗犷。俯视清漳河宛若绕山

走马槽草原和阳曲山高山草甸

碧螺带，山映苍翠，水显青黛，好一派江南秀美山河。拾阶登山，山呈屏障，刀劈斧砍，似无登途，转山而行，小道羊肠，大有曲径通幽的宁静。

春深回首细看，山花烂漫，桃红杏白，争奇斗艳。山丹火红，点缀其中。出壳石鸡，结队成群。闹春锦鸡，争叫啼鸣。山狍野羊，争雌抵头。微风吹拂，碧草翻浪，草低花冒。胭脂花漫山遍野，帽帽花形同郁金，昂首怒放，把群山装扮得花团锦簇，生机盎然！

入夏至伏，此山更是避暑佳境。游者如织，行者歌于途，疲者栖于树，前者呼，后者应，伛偻提携，往来而不绝者，为晋冀豫三省之游客也。山中农舍，四合宅院，错落有致，游客品特色茶饭，侃天地大山，酒酣开窗醉卧，无蚊虫之扰，恰似赴瑶池琼林之清爽，浑然兜率之成仙；晨起登顶，呼日出于喷云泄雾，入夜送落日于晚霞，观萤飞草丛，繁星满天，听牵牛织女银河私语，望北斗星空，度节气变化，好不惬意！

至秋，醋溜（学名沙棘）压枝，圪梾（学名胡秃子果）摇曳，重皮果宛若红玛瑙，让人垂涎！当地民谣："重皮圪梾油瓶芭，急的涩杜绕街骂"，活脱脱彰显山中野果之丰盛，游人半月不下山绝无饥饿之忧。霜重，丛林尽染，山中"原住民"

为贮冬食，开始四处奔忙。机灵的小松鼠穿梭于榛林丛中，松树上下，把成熟的榛子、松子食满腮囊，撑得鼓鼓囊囊，藏于窝中；高空大雁南飞，地上野猪挖洞，为迎战冬雪，忙碌着、奋斗着……而男女游客，却忙于采摘山桃核，以做核雕、手链之佳品。

冬季一场大雪，群山银装素裹，一派茫茫，积冬不化，远眺群山，真是银世界玉乾坤，好一派北国风光！经冻的浆果，除涩降酸，为山羊野鹿、飞雉奔兔提供了充盈的越冬食物，打破了隆冬的寂静，又添一派别样风采。

山之魂在林草，在山涧。将临山顶，老远奶奶峰的苍松就舒臂迎客，虽无黄山迎客松俏美，但不缺黄山松的八千里风暴、九万个雷霆，压不倒、打不垮的风骨！

石佛洞坐落半山腰中，朱红榜书摩崖石刻"人间仙境"扑面而来，遒劲有力，笔力老道。阳曲石佛洞是北方稀有的喀斯特地貌溶洞，形成于约5亿年前的寒武纪，纵深2000米，高达70米，面积达4500平方米。洞连洞，洞中洞浑然天成，钟乳石形态各异，在灯光映衬下，仙翁望天、二鬼巡山、飞天仙女、女娲补天、七级浮屠、天门洞开、大象躬身、丛林叠翠、老根虬枝

像随心所生，各显其形，让人眼花缭乱！

自然景观鬼斧神工，浑然天成，人文历史更让人动情倾倒。

"不食周粟"的典故，令人肃然起敬。"不食周粟"成语的故事就发生在古首阳山，今日的阳曲山。公元前1046年，周武王率众伐纣，伯夷、齐叔认为臣子不可以下犯上，路拦武王劝说不听，于是在周朝建立后，二人隐居首阳山（阳曲山古称），不食周粟（小米），而采薇（豌豆苗）而食，守节而亡。不管这两个人是否食古不化，但他俩为了一种信念，冻饿而亡，让人肃然起敬！铮铮傲骨让国人引以为豪！

壮士殉国，感天动地。1943年5月5日，八路军供给部长杨立三，率队带一部电台行进，日军追随电台信号，调派万余兵力，企图合围八路军，行至阳曲山，八路军凭险据守，与日军展开激战，毙敌300余人。为掩护部队撤退，排长与5名战士打到弹尽粮绝，纵身跳下悬崖，除一名女战士被灌木架住脱险外，其他5人都壮烈牺牲！他们与狼牙山五壮士一样，不辱国魂，不辱军魂，虽死犹荣，彪炳史册，感天动地！

阳曲山壁立千仞，直插云端，腾云驾雾，山魂壮美。游此山，真乃恰似天上看人间，美哉！

晨观云海日出,缥缈变化无穷;

晚看千峰夕照,苍山层层尽染;

俯视千山万壑,近睹峭壁悬崖,巍巍太行尽收眼底,这里集华山之险,黄山之秀,泰山之博,庐山之幽于一身;呈太行风光,栈道天险,南方秀色,北国草原于一体。

绿草如茵的走马槽草原(郑代富 摄)

阳曲山高山草甸——仿佛梦中的草原是人世间难以找寻的桃源。

远远地看去,像一条发光的银项链。

雨后的草原,像一块刚浸过水的花头巾。

成群的牛羊,像天上的片片白云飘落到大地。

草原多么像海啊!只是比海寂静;草原多么像一幅没有框子的画,广漠得望不到边际。真是美景如画呀!

山西省太行山国有林管理局提供

美视觉
Beauty vision

扫码看视频
感受和顺走马槽草原的婉约和
阳曲山高山草甸的空旷

扫码听歌《和和顺顺》

辽阔无边的走马槽草原 （郑代富 摄）

　　和顺走马槽草原一派"风吹草低现牛羊"的塞外景象。

　　有北国风光的刚毅，有南方景色的婉约……

　　有铁马秋风的气势张力，有大漠孤烟的苍凉悠远……

　　时而豪放，时而犹豫，等着你去撩开她神秘的轻纱。

　　一气呵成、行云流水的文字为和顺阳曲山高山草甸描绘了无限乐趣。惟妙惟肖、画龙点睛的美图更是增加了彩色的草原。"穿林海，过雪原，气冲霄汉"正是我们野游人追求的世界。

　　想起夕阳下的奔跑，那是我逝去的青春。朝朝暮暮，日出日落，人生就如放飞气球，得才知其自由，放下才感其奔放。

　　夜，来临了……

白雲朵朵意如棉　穹頂渾圓一碧藍

朗朗丘陵多綠色　茫茫曠野少人煙

松原清韻高低涌　柳海風流遠近宣

西口邊城何處是　通途不用苦行寒

——程建广《印象右玉》

山西魅力草原

右玉草原天路

　　右玉县位于晋西北边陲，隶属于山西省朔州市。北与西北以古长城为界，与内蒙古的凉城、和林格尔县毗邻，东连大同市左云县，南与山阴县、平鲁区接壤。

　　右玉县旅游资源丰富，有杀虎口风景名胜区、右玉精神展览馆、苍头河湿地公园等旅游景点，先后获得"国家AAAA级旅游景区""中国魅力小城""最值得向全世界推荐的旅游县""联合国最佳宜居县"、第一批国家生态文明建设示范县和"绿水青山就是金山银山"实践创新基地等荣誉称号。2019年5月14日，荣获第十届中华环境优秀奖。

　　右玉县是"全国造林绿化先进县"。至2010年，辖区近50%的土地被森林和草原覆盖，以沙棘资源最为丰富，境内沙棘保存面积达35万亩，是沙棘分布集中区域、"全国沙棘建设重点县"。野生动物主要有狼、山鸡、石鸡、野鸽、黄羊、狍子、鹳等。

　　三、四道岭生态景区，北依牛心山，总面积3万多亩，沟壑纵横。每到夏秋季，三、四道岭变成了鸟、兽、花、草的世界，登高远眺，就像展开的一张硕大无比的草绿色大荷叶，是华北地区少有的亚高山草甸，有"塞上高原翡翠"之美称。右玉有天然草原78.1万亩，右玉草原天路更成为一道亮丽的风景线。"绿水青山就是金山银山"，不断改善的自然生态环境，为右玉发展生态文化旅游业提供了"美丽"资本。

　　2020年12月被山西省林业和草原局评为"山西省十大最美草原"之一。

五彩斑斓的右玉红草原 （庞顺泉 摄）

春风识晋草——魅力草原看山西

美文

belles-lettres

芳草依依醉游人
塞外绿洲景色美

文　巩乃彦　谢占杰

　　右玉，一块神奇的土地，一首醉人的心曲，一座历史的丰碑。漫步于牛心山五道岭上，绿树成荫，绿草芳香，满眼春色，仿佛就像一片绿洲，格外耀眼，把牛心山映衬得蔚为壮观。这只是右玉的一个缩影。

　　年轻的同志，你可曾知晓，昔日的右玉县可是个荒凉到鸟都不拉屎的穷苦之地。据《朔平府志》载："每遇大风，昼晦如夜，人物咫尺不辨，禾苗被拔，房屋多摧，牲畜亦伤。"而新中国成立之初全县粮食全年总产量仅有1349万公斤，亩产不到25公斤。改革开放前的35年中有28年吃国家粮食补贴。正如一首地方谚语："山山岭岭和尚头，千沟万壑没水流，水

右玉草原天路

右玉稀疏草地 （毕建平 摄）

春风识晋草——魅力草原看山西

旱风灾年年有,十年倒有九不收。"正如歌中唱道:"右玉黑风口,风刮石头走。男人走口外,女人挖苦菜,娃娃饿的没奶吃,可怜孩他娘!漫天黄沙随风起,刮走牛和羊,大地一片白茫茫,何处可种粮?右玉真荒凉!"鉴于此,植树造林、防风固沙成为右玉人民生存的必然选择。

在这样恶劣的环境中植树种草,可真是难于上青天!但是右玉人却有一股不怕苦、不服输的牛劲!

"愚公移山"是中国人家喻户晓的传说,它颂扬的是中华祖先不畏困难,锲而不舍的奋斗精神!敢教高山让路,可令河水低头,是中华民族改天换地的斗争史诗!

70年,19任县委班子,一任接着一任干,"上至白头翁,下至红领巾"……就这样铸就了"全心全意为人民服务,迎难而

右玉草原烽风相映 (郭学斌 摄)

右玉草原千沟万壑　（武跃钢　摄）

右玉草原风光无限　（郭学斌　摄）

右玉草原草长莺飞　（武跃钢　摄）

上、艰苦奋斗，久久为功、利在长远"的"右玉精神"。硬是把满目疮痍的不毛之地，改造成塞外江南。这是敢教日月换新天的气概，这是尊重自然规律，人定胜天的魄力！全县林木绿化率由不到0.3%提高到56%，创造了令人惊叹的奇迹。

试看今日之右玉，岭涌绿浪，鹊跃莺唱，林佑阡陌，花簇石径，路通城乡，泉涌溪流，湖映碧空，鹤舞湿地，鱼戏清流，柳掩河岸，天鹅引吭。春临沙无尘，夏至塞外青，秋收林下果，冬来雪压松。找不到辛堡梁岗旧时貌，寻不见苍头河岸往日路，绿茵茵牧草深处牛羊现，花簇簇无边珠翠一派新。君不见南山葱葱满眼翠，君不见苍头河水绕内蒙！

春夏之际，草原繁花似锦，各种各样的花竞相开放，好像在争魁夺冠，朵朵精神满满，绚丽夺目。绿草也不示弱，夏日绿得浓烈厚实。走进她，像一股涌动的花海绿浪迎面扑来，那些花争抢着吻你的双手和脸庞，绿叶亲密无间地簇拥着你，你就成了她们追逐的"贾宝玉""薛宝钗"。顿时，你会感到莫大的欣慰和满足，你会情不自禁地呼喊："我竟然会成为你们的爱人！"

秋天是丰收的季节，是浪漫的季节，是大自然色彩最丰盈的季节，是最值得歌颂的季节，而右玉的秋天更是别有天地，是风采独特的季节！说什么香山红叶，道什么营口红草，看什么江南枫叶细，论什么天池五彩秋！你看那满树老杨黄金甲，林下落叶斜阳红；一湖碧池依老树，疑是

右玉田园风光 （毕建平 摄）

右玉草原高低起伏 （郭学斌 摄）

新疆胡杨林;九曲小溪鹅鸭群,恰如苏杭小桥东;漫山丛林尽染透,丛丛沙棘缀玛瑙;穗穗谷子报丰收,莜麦黄,高粱红;白羊漫洒碧波兵,牧歌徜荡群山中;瓜果香,喜煞人,红秆绿叶荞麦丰;看不尽山水千般色,赏不完岭坡醉游人;听不尽大雁南飞咕嘎声,惊不断彩雉入深林,右玉秋色真迷人!有时像旭日东升的晨光那样云蒸霞蔚;有时似晚霞那样漫天彤云;有时会像油画那样令你陶醉;有时似风光照那样让你难以释怀;多少游人醉卧其中,长吟短叹不知还。特别是那些沙棘果,各种蜂、虫、蝶、鸟,追逐着,忙碌着,寻找它们的最爱。采沙棘果的人们,穿着五颜六色的衣裳,似与昆虫争芳艳,实同虫鸟抢果实,爽朗的笑声与虫鸣鸟叫合奏秋日交响曲!

站在草原高处放眼望,左侧是贯通南北的牛心河,从草原和森林地下汇聚流出,碧水潺潺,唱着欢乐的歌,昼夜不停,川流不息。再没有过去灰头土脸干河槽的旧模样。东面老龙山风力发电架密集如林,发挥着风大的优势,不停转动,输送着清洁能源。西面河谷农田片片,碧浪如织,丰收的生机与希望尽收眼底,"昔日盐碱草不长,一片白茫茫"的景象一去不复返了。

右玉草原牛羊遍地 (武跃钢 摄)

春风识晋草——魅力草原看山西

美图
Meitu

驰骋最美景色,右玉草原的美丽画卷徐徐展开……
春天,发芽吐芳,四野清香;夏至,花团锦簇,嫩绿滴翠;
秋日,昊天高远,层林尽染;冬季,银装素裹,野趣无限。
各种体验如数尽收,一瞬间便能明白多少游客远道而来的意义。

右玉草原天路

右玉草原苍翠欲滴 （武跃钢 摄）

置身右玉，登高远眺
蓝天白云，林海茫茫
莺歌燕舞，流水潺潺
山水辉映，天树一色

右玉草原一望无际 （武跃钢 摄）

Beauty vision

扫码听歌
感受山西林草之歌的
魅力

扫码听歌《林草之歌》

扫码听歌《树的故事》

右玉杀虎口 （毕建平 摄）

  右玉草原美得无与伦比，似一场色彩的较量，更似一场气势恢宏的交响。

  风光无限的右玉草原让人怦然心动，绚烂至极，纯粹至极，却又来得不动声色。

  处处风情万种，步步仙境景色，蔚为壮观，接下来360度风景大片全程上演，又将是一场美艳的视觉之旅……

萋萋春草绿无涯
牛羊散漫落日下
游人登高草之巅
心旷神怡踏落花

——之初《登沁水示范牧场》

山|西|魅|力|草|原

山西沁水示范牧场国家草原自然公园

　　沁水示范牧场国家草原自然公园位于沁水县郑庄镇杨家河村，是时任国务院副总理李先念1980年出访新西兰期间，与新西兰政府商谈，双方合作在中国北方农区建设的一个示范牧场。1986年5月双方合同期满后，正式移交给中方经营。牧场地处山地丘陵，海拔900~1200米，年降水量650~900毫米，年平均气温10.5℃，无霜期180~200天。土壤属褐土类，以黄垆土为主。这里草坡宽广，集中连片，天然植被以白羊草、黄背草和薹草占优势。山沟间四季都有小溪流，是沁水县丰富的草地资源中最为精华的区域，所在区域是山西省南部地区陆地生态系统的典型代表之一，有极高的生态保护与利用价值。

　　这里在过去的几十年中，牧场进行羊的优良品种培育，现有世界上6个著名的绵、山羊品种。其中，考力代绵羊是中共中央原总书记胡耀邦出访新西兰时受赠的品种，南非肉用美利奴绵羊和安哥拉毛用山羊，分别是目前国内首家引进和为数不多的原种羊。过去这儿经历了种草养羊示范，现在也迎来了生态文明的新起点，注入了新活力。2020年国家林业和草原局公布的39处全国首批国家草原自然公园试点建设名单中，晋城市沁水示范牧场国家草原自然公园位列其中。公园草地面积约2000公顷，规划可用于公园式生态旅游休闲面积550公顷，草地面积约占公园总面积的90%以上，主要为暖性灌草丛类和山地草甸类，草地以白羊草、拂子草等为主。在开展试点推进国家草原自然公园建设的今天，为了促进生态保护和经济发展协调统一，让自然公园炫出草原风采，绽放草原之美，就要把牧场打造成颇具北方特色的绿色牧场、康养牧场、美丽牧场、幸福牧场。

沁水县示范牧场遍地牛羊 (张晓 摄)

美文
belles-lettres

红霞映照碧草鲜
——沁水示范牧场国家草原自然公园

文 毕建平 樊子涵

迎朝阳，送晚霞，朝朝暮暮，转眼40多年一晃而过，来到位于山西省的沁水、安泽、浮山三县交界处的沁水县郑庄镇杨家河村的沁水示范牧场，原来这儿叫作中国北方示范牧场，为什么要叫作示范牧场呢？这是因为这儿是在1980年时任国务院副总理李先念出访新西兰期间，与新西兰政府商谈，双方合作在中国北方农区建设的一个示范牧场。1986年5月双方合同期满后，正式移交给中方经营。

漫步在牧场的大片青青草地，想到近半个世纪前这儿会是什么样？也许是一片无人打扰的山间青翠，也许是牧羊人早出晚归的养羊牧场，也许是山里人家习以为常的青青后山。在这里，可以将一派自然悠闲的草原风光尽收眼底，也可以看到一路走来历史的痕迹。示范牧场基地内房舍

山西沁水示范牧场国家草原自然公园

沁水县示范牧场绿草盈盈 （崔文锋 摄）

俨然，交错林立，牧场背倚青山，得天独厚的自然条件孕育了优良的天然草场。在过去的几十年中，牧场进行羊的优良品种培育，现有世界上6个著名的绵、山羊品种。其中，考力代绵羊是原中共中央总书记胡耀邦出访新西兰时受赠的品种，南非肉用美利奴绵羊和安哥拉毛用山羊，分别是目前国内首家引进和为数不多的原种羊。过去这儿经历了种草养羊示范，而现在也迎来了生态文明的新起点，注入了新活力。2020年国家林业和草原局公布的39处全国首批国家草原自然公园试点建设名单中，晋城市沁水示范牧场国家草原自然公园位列其中。在开展试点推进国家草原自然公园建设的今天，为了促进生态保护和经济发展协调统一，让自然公园炫出草原风采，绽放草原之美，就要把牧场打造成颇具北方特色的绿色牧场、康养牧场、美丽牧场、幸福牧场。

牧场地处山地丘陵，海拔900~1200米，年降水量650~900毫米，年平均气温10.5℃，无霜期180~200天。土壤属褐土类，以黄垆土为主。这里草坡宽广，集中连片，天然植被以白羊草、黄背草和薹草占优势。山沟间四季都有小溪流，是沁水县丰富的草地资源中最为精华的区域，所在区域是山西省南部地区陆地生态系统典型的代表之一，有极高的生态保护与利用

沁水县示范牧场牛羊成群　（崔文锋　摄）

价值。公园草地面积约2000公顷，规划可用于公园式生态旅游休闲面积550公顷，草地面积约占公园总面积的90%以上，主要为暖性灌草丛类和山地草甸类，草地以白羊草、拂子草等为主。

来到这里，不会有印象中草原的"大漠孤烟直"，一望无际的荒凉，当双脚踏上这片土地，才能真正明白，草原也会充满生机勃勃，也会充满热闹灿烂，也会有百花争艳，也有属于它的独特魅力。这里有群山、有森林、有草原、有溪流。山川秀美，草原锦绣，溪流纵横，徜徉在美丽

草原,流连于河湖溪畔,忘情于蓝天白云,抒发着浪漫情怀。

翻过一座翠绿的山,还是翠绿的山,坐在山顶上,躺在草坡上,静静的,任微风亲吻脸颊,嗅到花草的清香芬芳,留恋山间漂浮的云,可以悠闲等待日落。向远处眺望,更可以看到在这一大片一大片起伏的绿色海洋中,一片羊群黑白相间,在翡翠玉一样的山水间慢慢挪动,如一颗颗散落的珍珠,从一片草地,走向另一片草地,从一个山头,走向另一个山头。山坳中灌木丛生,翠草无垠,溪流在山脚下淙淙流过。空荡的山谷,回荡着牧羊人的鞭声,吆喝声,如草原牧歌般的惆怅。沉默的群山和草坡岿然不动,在羊群和牧羊人的鞭声中刻下历史的印记。

夏初时节,草场上开满了各色不知名小花,色泽绚烂,分外耀眼。踏一条泥土小路,嗅着花草的芬芳,走啊走啊,地平线后,连绵起伏的山峦被白色的轻纱所覆盖,显得神秘而又缥缈。走着走着,去往青草更深处,去往鲜花更深处。上坡、下坡、渡河、越沟。茂密的花,五彩纷纭,烟粉色的石竹如纤弱的少女,害羞地捧出了脸,那么多颗金黄的柔软的花,像用金子镶的。还有蓝色的精灵一样的轻巧的小花,有一簇一簇的黄色的花铺成一大片一大片,有白色的毛茸茸的小花,还有小朵的紫红,一堆儿一堆儿结伴着开,还有像铃铛一样的一串串蓝紫花,还有更多叫不出名的花。或许那些低头在吃草的羊,知道它们的名字。群山也都沐浴在阳光里,神采奕奕,绿色的草与缤纷的花相互映衬,组成了一幅幅色彩鲜明的油画画卷,让人流连忘返。

在这片天地间,感受花草的心跳,捕捉蜂蝶的眼神。心儿在这天地间漫游,捕捉每一个精彩的瞬间。听风儿轻轻呼唤,看牛羊悠然吃草,嗅花草芬芳清香。

美图

在雪山群峰的围绕中,一片绮丽的沁水示范牧场展现在你的眼前。

远远地眺望,草地上有团团白云在蠕动,原来这是牧场的羊群。那里有青山、绿草和溪流,另外还有间修葺了一半的小木屋。

在这境界里,连骏马和大牛有时候都静立不动,好像回味着牧场格外美丽的风景。

山西沁水示范牧场国家草原自然公园

沁水县示范牧场沃野千里 （崔文锋 摄）

沁水县示范牧场碧野千里 (崔文锋 摄)

扫码看视频
感受沁水示范牧场国家草原
自然公园的奇特

扫码听歌《请到山西看草原》

沁水县人民政府提供

沁水县示范牧场芳草绿野 （崔文锋 摄）

  故乡的牧场，处处飘香，飘出草原飘向远方，飘入我的梦乡。
  忽而喜，忽而怒；忽而风满天，忽而平静得纹丝不动。牲畜沉睡意味明天的活力，低地无声却孕育无数的生命，夜晚漆黑地等待着另一个黎明。牧场上的野花斑斑点点，点缀在这片绿色的海洋里，让牧场变得五彩斑斓……

阴埋半岭云车过
翠入中峰雨脚移
极目下方千万壑
樵村归路客先知

——清·陈廷敬《析城山》

山|西|魅|力|草|原

析城山圣王坪亚高山草甸

析城山圣王坪亚高山草甸位于山西省晋城市阳城县西南部35公里处析城山顶部，南与河南省济源市交界，属中条山国家森林公园的一部分，与著名的历山舜王坪东西相望，故又称东坪。主峰海拔1888米，四面如城，有东、西、南、北四门。坪四缘地势骤升，峰峦峭拔，树繁林密，向四周扩展。林中栖息着金钱豹、鹿、野猪等十几种珍稀野生动物和几十种飞禽，生长着上百种药材。

每年6月间，满山遍野的胭粉花在绿茵茵的草坪上开得正浓，一簇簇、一丛丛。或粉艳艳地炫耀着醉人的美丽，或毛茸茸地团着紫色的花束，或直朗朗地竖着含苞待放似火柴头的花蕾。这儿的"胭粉花"就是人们常说的"狼毒花"，与其花容俏丽不相称，狼毒花被视为草原荒漠化的一种灾难性警示，一种生态趋于恶化的潜在指标，它给人们保护自然和生态均衡发展敲响了警钟。

自古以来，圣王坪亚高山草甸就是一个天然牧场。每年清明至夏至之间，圣王坪周边牛羊在这里休养生息。清明节过后，牛羊上坪，农历五月十二，圣王坪汤王庙会，羊群离坪。传说中的一花一草一湖一庙，成就了圣王坪亚高山草甸的美丽。

2020年12月被山西省林业和草原局评为"山西省十大最美草原"之一。

析城山圣王坪亚高山草甸

圣王坪亚高山草甸百草丰茂 （张跃民 摄）

胭粉香处芳草绿
花草湖庙述说汤王恩典
——游圣王坪亚高山草甸

文 谢占杰 毕建平

圣王坪亚高山草甸位于山西省晋城市阳城县西南部35公里处析城山顶部,南与河南省济源市交界,属中条山森林公园一部分,与著名的中条山舜王坪东西相望,故又称"东坪"。总面积8.516平方公里,主峰海拔1888米,四面如城,有东、西、南、北四门。据历史记载,商汤24年大旱,汤王为民焚身祈雨祷于桑林(今析城山),百姓为铭记汤王的恩典,故称析城山草甸为"圣王坪"。

走进"圣王坪",一花一草一湖一庙尽相争艳,令人眼花缭乱,目不暇接,都在述说汤王恩典。古人诗境活灵活现。站在山巅,峰峦峭拔直通云天,山下树木葱茏,天气瞬息万变,顿时深陷清代明相、康熙重臣、文渊阁大学士陈廷敬"阴埋半岭云车过,翠入中峰雨脚移"的美感之中,也似

析城山圣王坪亚高山草甸

析城山林场提供

夕阳下波光粼粼的娘娘池 （吉学东 摄）

乎感受到汤王祈雨成功后雨之来势。

恰逢6月间，满山遍野的胭粉花，一簇簇，一丛丛，或粉艳艳、或红点点、或白花花地炫耀着诱人的美丽，勾着你的魂魄；或香浓浓、或味烈烈、或醉悠悠地散发着袭人的香味，撩得你神魂颠倒。不由得想到清代张域的"万斛胭粉种作田，灵花开放碧峰巅。人间未许窥颜色，时有香风落九天"。三百多年前古人的诗境竟然在现今人间活灵活现，美不胜收！我网上一搜，古人诗作甚多，今人的诗词、游记更如"胭粉花"一样绚丽芳香。也看到"龙须草"随风荡漾，与民同乐的样子。游圣王坪，品其文化实在是美中作乐的幸事。

汤王恩典千古传。清末民初国学大师王国维在《今本竹书纪年疏证》中记述："商汤二十四年，大旱，王祷于桑林，雨。"桑林在哪里？清《山西通志》说："桑林水，导源析城之东麓。"阳城县古

析城山圣王坪亚高山草甸

万斛胭粉种作田
灵花开放碧峰巅
人间未许窥颜色
时有香风落九天
——清·张域《胭粉花》

称濩泽，相传析城山即是当年汤王祈雨处。商汤时代，天下大旱，连年无雨。汤王为民亲自上析城山祈雨。一连祈雨无果，汤王内疚自责，不惜焚身赎罪，以感动上天，瞬间狂风大作，乌云密布，倾盆大雨瓢泼而下，大雨浇灭了大火，汤王被火烧掉的胡须变成了"龙须草"。王妃娘娘见汤王遍体鳞伤，奄奄一息，伤心欲绝，泪眼婆娑，她的泪水混合了脸上的胭脂和官粉滑落在地，长出了"胭粉花"，即"狼毒花"。王妃娘娘因伤心过度，泪水积流成湖，成为现在的"娘

人间仙境娘娘池 （吉学东 摄）

娘池"。池水终年不涸不溢。为了感念汤王的恩典，东魏时人们在池边修了汤帝庙，至今有1400多年的历史。现存有北宋政和六年（1116年）敕封的碑石。宋神宗熙宁九年（1077年）加封析城山神为诚应侯。宋徽宗政和六年（1116年），加封析城山商汤祈雨庙为"广渊之庙"，并加封山神为嘉润公，至今碑碣尚存庙中。千百年来，晋豫间官祀民祷，香火不绝。

析城山文明源远流长。析城山，又名析津山、圣王坪、东坪。位于山西省晋城市阳城县西南30公里处，方圆20平方公里，主峰海拔1888米，在250万年前形成了典型的喀斯特地貌。旧志："山峰顶平、四周如城，有东西南北四门，故名。"

析城山是中国最古老的历史文化名山之一，有十分浓厚的历史文化积淀，经典文献《尚书·禹贡》《汉书》《水经注》和唐代房玄龄所著《晋书·地理志》等书籍中都有十分详细而且准确的记载。从历史记载看，析城山的全盛时期应该是在北宋时期。

析城山地表为亚高山草甸，地下有数量众多的溶洞景观和地下河水，是中国华北地区保存最好、具有一定科研价值的封闭式岩溶洼地，属非常珍贵、不可再生的地质自然遗产。析城山是古老的中华名山。中国最早的地理经典文献《禹贡》记载了大禹治水时，沿着山脉从西往东，导

圣王坪亚高山草甸千奇百怪的顽石

圣王坪亚高山草甸寻龙窝

圣王坪亚高山草甸汤王庙

山疏河经砥柱、析城，至于王屋、太行、恒山，至于碣石。可见析城山之名甚古，几乎就是伴着中华文明的历史而来。析城山西望黄河三门，中流砥柱；东挽王屋太行，拔地起于中原，横亘大河北岸，俯视中原。华夏远古城市：夏都斟鄩、商都西豪，周东都洛邑，无不踞其屏下。站立黄河岸边，举目北仰王屋、析城，便可见蓝天下，群峰间，隐隐约约，是那云窝雾乡，济水源头，汤王行宫，天地交界。

天然牧场牛羊乐园。每年清明至夏至之间，圣王坪周边乃至全县的牛羊都在这里休养生息。最多时有近千头牛，上万只羊。每年清明节过后，牛羊上坪，农历五月十二，圣王坪汤王庙会，羊群离坪。一方面是此时坪下已有茂盛的草供牛羊享用。更主要的是，传说不知哪位皇帝封于农历五月十二汤王庙会以后，羊不得在坪上吃草，违者，对羊不利。所有的牧羊人都循规蹈矩，怕老天责罚，按时把羊群赶下坪。

羊群下山后，各类植物相继生长。到秋季，圣王坪满山遍野，野花开放，是一片花的海洋。

圣王坪草原，名山盛景花草湖庙，竞相争艳，都在述说汤王恩典。连太阳都涨红着脸不想落山，月亮又争着偷偷地露出笑脸，星星嗖……嗖……嗖地飞入草原把"龙须草""胭粉花"的手牵，你看见了吗？

春风识晋草——魅力草原看山西

圣王坪高山草甸地貌之美诸如诗云："阴埋半岭云车过，翠入中峰雨脚移。"

春转秋夕，坪内绿草茵茵，胭脂吐艳，天朗气清，长空万里，奇妙气象瞬息万变。来到圣王坪才知道美也能让你窒息，胭脂香处芳草绿，峰峦峭拔云归处。

析城山圣王坪亚高山草甸

朝阳下的娘娘湖 （吉学东 摄）

雾锁圣王坪亚高山草甸 （武跃钢 摄）

传奇故事

汤王庙和娘娘池

圣王坪亚高山草甸有一个美丽的传说：商汤时代，因天下大旱，连年无雨，汤王为民亲上析城山来祈雨。一连祈了几天几夜无果，汤王内疚自责，不惜焚身赎罪，以感动上苍。说来也怪，汤王引火上身，瞬间狂风大作，乌云密布，倾盆大雨瓢泼而下，大雨浇灭了大火，汤王被火烧掉的胡须变成了"龙须草"。王妃娘娘见汤王遍体鳞伤，奄奄一息，伤心欲绝，泪眼婆娑，她的泪水混合了脸上的胭脂和官粉滑落在地，长出了美丽的"胭粉花"，即狼毒花。王妃娘娘因伤心过度，泪水积流成湖，成了现在的"娘娘池"，池水终年不涸，下多大雨也不满。人们为了感念汤王为民祈雨，造福百姓的恩情，在娘娘池边建造了这座汤王庙。

旧志载北宋神宗熙宁年间敕封析城山山神为诚应候，宋徽宗政和年间，敕改汤王祠为"文渊之庙"，并加封山神为嘉润公，至今碑碣尚存庙中。

山西省中条山国有林管理局提供

扫码看视频
感受圣王坪亚高山草甸的
峭拔

扫码听歌《绿色宝贝》

圣王坪亚高山草甸奔跑的精灵 （吉学东 摄）

一花、一草、一湖、一庙，大美如斯圣王坪亚高山草甸。
胭脂花俏丽悦目，让圣王坪亚高山草甸的五彩斑斓更加悦动；
肥草拥绿漫山坡，让牛羊在这里休养生息；
娘娘池碧波涟涟，是情侣倾诉衷肠的爱情圣湖；
汤王庙庄严肃立，感念汤王为民祈雨造福百姓。
圣王坪亚高山草甸百草丰茂，美如传说。

英雄良馬立戰功
郁郁黑茶千載情
千古神話神池水
四海俠骨攜柔情

——之初《游黑茶山饮马池》

山|西|魅|力|草|原

黑茶山饮马池亚高山草甸

　　饮马池景区位于岚县北部与岢岚县交界的河口乡饮马池山，景区面积5平方公里，饮马池山主峰海拔2222米，山顶上绵延着570余亩宽阔平坦的草地，属高山亚寒带草甸，夏季绿茵如毯，山花烂漫。周边山地，是原始针叶林、阔叶林带，栖息着鹿、麝、豹、野猪、褐马鸡、山鸡、野兔等多种野生动物。水源充足，分布着溪水、瀑布、水潭。空气清爽宜人，负氧离子富集，是天然氧吧。

　　春天桃杏花开、夏日气候凉爽、秋季层林尽染、冬日冰雪覆盖，置身其间，可感受大自然的无穷魅力，天人合一的境界荡然胸中。此处交通便捷，距209国道仅6公里。

　　2020年12月被山西省林业和草原局评为"山西省十大最美草原"之一。

神山藏草甸 魅力写春秋
——饮马池高山草甸掠影

文 李建平 刘建光

饮马池山，位于岚县北部与苛岚县交界的河口乡，坐落在黑茶山国有林管理局河口林场境内，景区距离岚县县城有40余公里，距209国道仅6公里，为"岚阳八景"之一。相传门神尉迟恭被贬岚县赤坚岭牧马，数年未得一良马，因此闷闷不乐。一天晚上刚刚入睡，梦见一神告诉他："若想得良马，何不到岚县饮马池草甸渥涡池中去找？"第二天，他立即赶到饮马池草甸区，果见一头良马立于渥窝池边饮水，尉迟恭驭马而去，投军屡立战功。英雄良马的巧妙相遇，成就了历史上大唐帝国二百多年的江山永驻。而渥窝池仍默默地守候在山巅上，成为世人向往的景观之地，并从此被称为"饮马神池"。

"饮马神池"仿佛一颗绿色的明珠，镶嵌在黑茶林区中，让人心神向往，赞叹不已！饮马池

黑茶山饮马池亚高山草甸

黑茶山饮马池亚高山草甸 （王乃明　摄）

大，有着40多平方公里的辽阔面积；饮马池高，海拔达到了2200多米；饮马池峻，山间群峰叠嶂，奇峰竞秀，水流曲折，环境优美；饮马池奇，奇在山头有水，山顶高山明湖，四季不涸；饮马池名，一直以来民间就流传着英雄、神语、良马、神池交相呼应的神话传说。

在饮马池海拔1700米以上区域，分布着一望无际的高山草甸，这便是饮马池亚高山草甸。景区面积228.2公顷，主峰海拔2222米，山顶之上绵延着800余亩宽阔平坦的草甸，草甸地势平坦宽阔，芳草萋萋，绿茵如毯，宛若美丽的大草原铺于高山之巅。立于草甸之上，只见层林尽收眼底，白云悠悠而过，伸手可揽，各种乔灌木交织一起，匍匐而生，一丛丛，一簇簇，变换着四季色彩，仿佛进入仙境一般。春天，这里桃花、杏花竞相开放；夏天，这里气候凉爽，百花争艳，尤其是在黄花遍野的季节，更是蜂蝶齐舞，万花争芳，仿若人间仙境；秋天，这里层林尽染，万木霜天；冬天，这里白雪皑皑，银装素裹，万物都被冰雪覆盖，成了白的世界、雪的王国。

夏末仲秋，立于草甸之巅，眺望林海，一望无际，只听得松涛呼啸，百鸟欢唱，"荡胸生层云，一览众山小"的豪情油然而生。

秀容城迹古邦基，更有圣窑山洞遗。
跨鹤升乔知道异，清泉饮马见神奇。
双松并植留孤影，绿水长流依岸围。
龙宫古刹今犹在，铜鼓高峰晚照时。
一首诗句颂八景，一曲故事传至今。
一位英雄、一头良马、一席神语、一池清水、一片草地，这便是令人神往的饮马池亚高山草甸。

黑茶山饮马池亚高山草甸

黑茶山饮马池亚高山草甸无边无际 （王乃明 摄）

黑茶山饮马池亚高山草甸冬景 （王乃明 摄）

春风识晋草——魅力草原看山西

美图
Meitu

　　黑茶山饮马池亚高山草甸的风光无限不止在登顶那一瞬间的视野辽阔，更隐匿在随处的一朵小花，一个随机升起的石头，一条随机弯曲的小路，如此美妙。
　　一位英雄、一匹良马、一席神语、一池清水在此美丽邂逅，造就了一段千古神话故事。

黑茶山饮马池亚高山草甸

黑茶山饮马池亚高山草甸平坦宽阔 （王乃明 摄）

传奇故事

黑茶山饮马池高山草甸万花争芳
（耿楚 摄）

饮马神池

尉迟恭当年在岚州牧马，时局正处于动乱之时，苦苦思得一匹良马，可惜数年也未得一良马，心中闷闷不乐。一晚，他入睡不久，就梦见一位神仙，皓首长髯，宽衣博带，自空飘降，在他耳边神语："你既然想得到一匹良马，那为何不去黑俭山草甸渥窝池中去找呢？"翌日凌晨，尉迟恭幡然醒悟，立即赶赴黑俭山草甸区的渥涡池，果然见到一匹良马在池边饮水，定睛仔细一看，便见是一匹膘肥体壮、神俊异常的良马，随即走过去，兴高采烈地跨上马，扬鞭挥舞，飞奔而去。

自此以后，渥涡池便更名为饮马池，渥涡池所在的黑俭山亦改名为饮马池山。英雄与良马的美丽邂逅，造就了历史上一位安邦定国的栋梁之材。英雄与良马的默契配合，成就历史上大唐帝国200多年的江山。虽然良马陪尉迟将军远走高飞，成就大唐帝国大业，但留在黑俭山的神池，默默地守候在岚州山原上，成为世人脍炙人口慕名向往的地方。这，究竟是神灵，是人灵，还是地灵，不得而知，但这里就是人杰地灵岚州黑俭山，后人称之为渥涡池或"饮马神池"。

扫码看视频
感受黑茶山饮马池亚高山草甸的
巍峨

山西省黑茶山国有林管理局提供

扫码听歌《咱护林人》

黑茶山饮马池亚高山草甸绿草如茵 （王乃明 摄）

郁郁黑茶山，肃穆千载情。

那峻拔的峭壁犹如壮士的傲骨，那幽邃的山谷犹如仁者的虚怀。

乱云飞渡的黑茶山饮马池亚高山草甸，吸引着四海游客的脚步，也撩拨着游山者的眼睛。

徜徉于秀丽的风景中不能自拔，那就让我们再次置身其中，领略黑茶山饮马池亚高山草甸的侠骨柔情……

一笑登山聞春盡
草野匆匆蒙面紗
聽風吶喊天地間
靈魂不請我自來

——之初《游甸頂山草原》

山 西 魅 力 草 原

广灵甸顶山草原

广灵甸顶山草原（即六棱山高山草甸），位于距广灵县城48公里的六棱山南侧，海拔2296米，是晋西北地区的一处属于高山草甸类型的草原胜景，植被茂密，物种丰富，是一片难得的天然绿洲。

登临远眺，风驰云动，一览无余，可谓"登高壮观天地间"。峰顶较为平坦，方圆几十亩，野草茂盛，山花鲜艳，令人心旷神怡。高山草甸，泥土芳香迎面扑鼻而来，让人感到大自然的纯朴美好。漫山遍野盛开红黄色的金银花，它们在微风里摇晃着，翩翩起舞，飘香清溢，沁人心脾。

躺在这大自然赋予人类的"地毯"上，望蓝天、看白云、闻花香、听鸟鸣，与大山相依，与花草相伴，尽情地享受着登山的快乐。返璞归真，赏心悦目，十分惬意。

甸顶山野生植物种类繁多。如沙葱、野韭、蕨类、百合、桔梗、苦荬菜、野黄花、蘑菇等。野生蔬菜植物大多生长于不受污染的天然草甸，作为绿色食品开发，蕴藏着无限商机。雨过天晴，散步在草甸上，细心的人都会发现颜色不一、形态各异的野生菌破土而出，大如银盘，小似米粒。最珍贵的是羊肚菌，作为珍稀野生菌，羊肚菌的营养相当丰富，据测定每100克干羊肚菌就含有蛋白质24.5克。因此，有"素中之荤"的美称。

每年的夏秋季节，特别是在雨后，人们三五结伴，挎个小筐，带上食物，便进山欣赏草原美景了，沐浴着阳光，置身于世外桃源之中。

春风识晋草——魅力草原看山西

广灵甸顶山草原

风驰云动的甸顶山草原风光 （谢贵明 摄）

醉美草原在大同
广灵甸顶山草原

文　武俊生　柴凤宇

广灵甸顶山草原（即六棱山高山草甸）位于大同市广灵县、阳高县、云州区三县交界之处的六棱山南侧，是晋西北地区的一处高山草甸。这里植被茂密，物种丰富，是一片难得的天然绿洲。

素有"大同屋脊"之称的雁北第一高峰六棱山黄羊尖，海拔2420米，顶部为巨大而平坦的高山草甸，面积为21.33平方公里。草甸风光浓郁、景观奇险，远眺五峰突兀，山色如黛，近看草木葱茏，山花烂漫，如同一幅艳丽迷人的画卷。郁郁葱葱，景色怡人，十分壮观。

登临远眺，风驰云动，山下城市村庄一览无余，可谓"登高壮观天地间"。主峰之南，人称大殿顶，山顶广平，方圆数

广灵甸顶山草原

五彩云海辉映甸顶山草原 （谢贵明 摄）

甸顶山草原风云变幻　　（谢贵明　摄）

百亩，绿草茵茵，野花点缀，恰似织成锦绣的地毯。主峰背后，白桦林海，蜿蜒无尽，独具风采。距黄羊尖东北约2.5公里的汉白玉石林，有的呈宝剑状，有的呈葫芦状，有的像凤凰展翅，有的似大象驮垛，有的似书生赶考，有的似母子抱食，千姿百态，嶙峋古怪，实为壮观。

广灵甸顶山草原由于地势海拔高，有着独特的地表形态，夏季植被茂盛，犹如波澜起伏的绿毯。躺在这大自然赋予人类的"地毯"上，望蓝天、看白云、闻花香、听鸟鸣，与大自然相依，与花草相伴，尽情地享受着登山的快乐。返璞归真，赏心悦目，十分惬意。

广灵甸顶山草原

甸顶山草原一望无涯　（谢贵明　摄）

甸顶山草原天空蔚蓝空灵　（谢贵明　摄）

甸顶山草原仲夏时节,草高花旺,碧茵似锦;秋季,芳草依依,鲜花灿灿,彩蝶翩翩,百鸟啾啾,硕果累累;隆冬季节,这里的沙棘一枝独秀,横空出世,染红了洁白的雪,燃烧了碧蓝天,一派银装素裹的北国风光在这里诞生。

原生态的抽象艺术在这块绿地上慢慢铺开……

广灵甸顶山草原

甸顶山草原广袤无垠 （谢贵明 摄）

站在甸顶山草原上听风的呐喊 （谢贵明 摄）

跟着骏马徜徉在甸顶山草原 （谢贵明 摄）

扫码看视频
感受广灵甸顶山草原的
空灵

扫码听歌《请到山西看草原》

大同市规划和自然资源局提供

骏马和繁花拼成了浓彩重墨的油画　（谢贵明　摄）

景，这般美；山，这般动人。
在甸顶山草原听风的呐喊，犹如远去的民谣。
风吹过甸顶山草原，蔚蓝空灵，一尘不染。
此时此刻，心随眼动，沐浴在大地的诗歌里……

南客豈曾諳塞北
年年唯見雁飛回
今朝忽渡桑干水
不似身來似夢來

——雍陶《渡桑干河》

山|西|魅|力|草|原

桑干河低地草甸

　　桑干河在山阴县地界有36公里长，流经5个乡镇，16个村庄，流域面积1651平方公里。总控制面积1.7万亩，其中湿地面积4000余亩，湿地率为24%。相传每年桑葚成熟的时候河水干涸，故得名。桑干河，为永定河的上游，位于河北省西北部和山西省北部。上源为山西省的元子河与恢河，两河于朔州附近汇合后称桑干河。在河北省怀来县朱官屯与洋河交汇后称为"永定河"。永定河后经官厅水库、北京南部入海河。

　　桑干河沿岸已经实现水体、河滩、草甸、灌丛、林地、耕地六类绿化结构层，集文化区、植物园区、湿地涵养区、边塞文化区为一体，昔日风沙满天的荒草滩变成了风景秀美的城市名片。

　　站在观景台上，极目远眺，水域浩渺，波光粼粼，水草丰茂，飞鸟翱翔。落日下的湖面平静而安逸，那一刻，清风拂面，丝竹盈耳，好不惬意。

　　很多候鸟经常以湿地为栖息空间，保护湿地就是保护鸟类栖息环境。每年冬去春来，南雁北飞时，桑干河自然保护区就成为候鸟迁徙途中的驿站。桑干河自然保护区位于大同盆地桑干河流域，横跨朔城区、山阴县、应县、怀仁市、大同县、阳高县。作为生态环境移动的"晴雨表"，候鸟多寡已经成为检验一个地区生态环境的自然指标。

春风识晋草——魅力草原看山西

桑干河低地草甸

桑干河低地草甸风景秀丽　（庞顺泉　摄）

美丽草原 桑干湿地

文 温根 牛有柱

我国是一个草原大国，天然草原面积3.928亿公顷，占国土面积的40.9%，是耕地面积的 2.91倍，是森林面积的1.89倍，是耕地与森林面积之和的1.15倍，约占全球草原面积的12%，草原面积位居世界第一。草原不仅仅用于放牧，还有其独特的生态、经济、社会功能，是不可替代的重要战略资源。

草原是地球的"皮肤"，如果把森林比作立体生态屏障，那草原就是水平生态屏障，同时有防风固沙、保持水土、涵养水源、调节气候、维护生物多样性等重要功能。草地土壤含水量高出裸地90%以上，草坡地与裸坡地相比，地表径流量可减少47%，冲刷量减少77%，草原的这些重

桑 干 河 低 地 草 甸

桑干河低地草甸碧波荡漾 （庞顺泉 摄）

要生态功能独一无二、无法替代。

草原是重要的生产资料，草原畜牧业是草原地区的传统产业和优势产业，在全国草食家畜生产中发挥着极其重要的作用，是牧区社会发展的基础。

草原也是民族文化生存、传承、发展的土壤，没有健康美丽的草原，牧区人民就会丧失可持续发展的根基。因此要实现边疆和谐稳定、民族共同发展，实现脱贫致富奔小康的目标，就必须把草原保护好、建设好、发展好。

山西省桑干河杨树丰产林实验局辖区草原主要分为五大类，即山地草原类草地、山地灌丛类草地、低地草甸类草地、喜暖灌草类草地、疏林草地类草地，尤以低地草甸类草地最为广阔，其中桑干河省级保护区、苍头河湿地公园、小盐坊康养基地，与辖区内山水林田形成了优美景色。桑干河源于山西北部管涔山分水岭村，是山西塞北的一条名河，自西向东经朔州、山阴、应县、怀仁、大同汇入河北省永定河，在山西境内河道长241公里，流域面积17744平方公里，山西桑干河省级自然保护区分布有大面积森林生态系统与湿地生态系统，白云朵朵，水草丰美，森林绚丽多姿，山水一色，丰泽膏腴的土地哺育了同朔地区最初的文明，孕育了山西雁北丰富多彩的民俗文化，为雁北古今发展变迁提供了优越的地域空间。这里珍稀野生动物多样性丰富，是山西省迁徙水禽的重要迁徙通道和停歇地，是多种水禽的重要栖息地，保护区内有国家一级保护鸟类6

惠风和畅的桑干河低地草甸　（庞顺泉　摄）

清河之后的桑干河两岸生态掠影

桑干河低地草甸

城区太平湖各种禽鸟栖息嬉戏

种,国家二级保护鸟类29种。

夏季的桑干湿地更是清凉胜地,最高平均气温不足24℃,干湿宜人,负氧离子丰富,是亲近水景、休闲康养的圣地;秋季的桑干湿地,五彩纷呈,层林尽染,天高云淡,遍野金黄,美不胜收。桑干湿地让每个人都能在这里享受身体健康、心灵富足、生活安宁的美好,让每个梦想的健康生活自由释放,桑干湿地必将成为壮美山西高丽风景线上的璀璨明珠。

美图 Meitu

山阴之富，源于桑干河的滋养；山阴之美，源于桑干河的浸润。数不尽的美景，道不完的称赞，让人流连忘返。

水域浩渺的河流和碧草如茵的草甸相互掩映，移动的羊群点缀在一片碧绿之中，犹如浮动的云朵……

桑干河低地草甸必将成为壮美山西高丽风景线上的璀璨明珠。

桑 干 河 低 地 草 甸

被滋养的桑干河低地草甸　（庞顺泉　摄）

春风识晋草——魅力草原看山西

桑干河低地草甸绿如翡翠
（庞顺泉　摄）

神头海

神头海是桑干河的发源地，古时候叫"漯水"。多少年来海水波光粼粼，长流不断，这么多的水，是从哪里来的呢？

相传，古时候有一个人，坐着一辆轿车，走到宁武天池时，刮起了大风，把车轮刮进了天池里，奇怪的是，这车轮从神头海里出来了。北魏孝文帝常常用金珠穿七条五彩鱼，放进天池中或用金缕箭射天池里的大鲸，都能从神头海中刮出来，这样宁武天池与神头海潜通相连的说法代代相传。至今，宁武天池的水，雨后不溢，天旱不干。宁武天池水向南流入汾河，向北从地下潜流到洪涛山脚下，分七个泉眼流出来，为桑干河的发源地。

桑干河

很久以前,在古涿鹿有个偏僻的小山村,村前有条半里多宽的小河,河边有一户人家,住着一对年过半百的夫妻。因为茅屋前有棵高大的桑树,于是人们就唤男的叫桑叔,称女的为桑婶。这一对夫妻为人善良,遗憾的是活了半辈子,膝下无一儿半女。平时桑叔放牧,桑婶纺线织布,老两口相依为命,却也幸福。

一天,桑叔到山里放羊,回家时无意中看见草丛中有一颗蛋,洁白如玉,且上面还有彩纹,桑叔以为是鸟蛋,便揣在怀里带回了家。天黑后,老两口点上油灯,仔细观看,桑婶欢喜不已。便在瓦罐里垫上些细草,将蛋放在里面。过了几天,蛋壳破了口,从里面爬出一条小蛇,老夫妻不忍将小蛇丢弃,便留在家中喂养。小蛇渐渐长大,颇有灵性,便帮这对老夫妻看家。有了小蛇以后,黄鼬不敢来偷鸡,恶狼不敢来叼羊,老两口很是高兴,越发精心喂养小蛇,把它当成家里的一员。

春来秋往,几个春秋过去了,小蛇也长成了大蟒,老两口再也喂养不起它了,思来想去决定放它离去,虽然不舍但也没有其他办法。一天早晨,桑婶对蟒蛇说:"你现在可以独自谋生了,到外面寻找吃的去吧!"蟒蛇听后,眼中含泪,昂起头来,对二老拜了又拜,然后才不舍地离开。

这条蟒蛇虽来到外面,但不曾走远,而是盘踞在一片山林里,傍水而居,虽说离开了桑叔桑婶,但还是对二老念念不忘。它开始捕捉鸟虫为食。天长日久,鸟虫捉不到时,便野性萌生,吃起猪羊来,渐渐地猪羊也吃光了,它便来到河边,饿了就把涉水过河的商人、过客吃掉,渴

安宁美好的桑干河低地草甸　（庞顺泉　摄）

了便喝那河里的水。这蛇肚量宽大，它喝一次水，水下落三尺，喝到第三次，就把河水给喝干了。从此两岸禾苗干死，弄得民不聊生。因此，人们称这条河为"三干河"。

这件事传到了官府里，一些狗腿子便给县官出了个主意，说这条蟒蛇是龙种，如果把它捉住杀掉，就可以得到它肚子里的金银财宝。官老爷听了欢喜不尽，于是就命官差去捉大蟒，寻找了三天三夜也没有找到，无奈就要把当年养蟒蛇的老人拿来问罪。

再说这条蟒蛇，它虽然残害生灵，却不忘桑叔桑婶的养育之恩。每隔一段时间就回来看望二老。这天，它回来看见桑叔桑婶正相对落泪。便问二老，为何落泪？

"哎呀，孽障，只说是让你出去独自谋生，谁想你出去，竟干这等谋财害命之事，把河水都吸干了。现在官府派人到处捉拿你，逮你不着，就找到我们头上，限三日之期，让我们将你捉送官府，不然就要我们的性命。"说罢，夫妻二人就悲泣不止。蟒蛇听了，也留下泪来，乖乖盘伏在地上，对二老说："二老不必难过，过去是我不好，听凭二老处置吧，只要二老平安，我死也甘心！"两个老人听了，同时摇了摇头。桑婶道："我们只盼你改邪归正，造福黎民百姓，怎肯为了我们，让你去官府送命呢！"那蟒听了，感动地说道："二老放心，我这就让河水复原，不过，得用二老一样东西。"

"只要是为百姓造福，你要什么都可以。"二位老人说。"那就把门前那棵大桑树借我一用。"说罢，蟒蛇便爬上大桑树，紧紧地把大桑树缠住，它将头担在大树上，时而抬起，时而放下，不住地吸那桑树精华，这一吸就是两天两夜，第三天早上，桑树叶片都脱落了，树枝也枯死了。这时那蟒蛇才抬起头，朝着西边的天空喷出一道长虹。霎时，天空彤云密布，狂风大作，不一会就下起滂沱大雨来。大雨持续了好几天，直到三干河上游波浪滔滔而来。

两位老人看到三干河水恢复，都满意地点点头。回头再看大蟒时，只见它变成一股清流，从桑树上面流下，直流到河里不见了。从此桑干河连年水量充足，即无洪涝又无干旱，两岸水草丰盛，牛羊成群。而那棵大桑树却再也长不出枝叶来，为了纪念它，人们把三干河改称"桑干河"。

桑干河沿线生态走廊绿意盎然

扫码看视频
感受桑干河低地草甸的
静寂

山西省桑干河杨树丰产林实验局提供

扫码听歌《我们是绿色使者》

水草丰美的桑干河低地草甸　（庞顺泉　摄）

"桑干不干、桑地奇观"的秀美景色尽收眼底。

桑葚成熟色泽紫红，饱满而喜庆。一条河意气风发，向北流淌，预示着一种披荆斩棘的辉煌历程。这次奇妙的视觉之旅将带您见识桑干河低地草甸的这般景象！

编 后 语
AFTERWORD

  这是山西省草原系列丛书中的《春风识晋草——魅力草原看山西》。编写此书的目的是为了给广大林草工作者和社会大众深刻了解和认知草原、感知草原、体味草原提供一些翔实可鉴的资料。

  为此，我们精心编辑了一部分山西草原，并通过美文、美图、美视觉的形式提供给大家学习借鉴和欣赏。在编辑过程中，由于内容较多，加之时间仓促，书中错误疏漏之处在所难免，祈望诸君谅解，恳请方家斧正。

编 者

2021年12月